# 山东黄河流域水生态保护与修复的探索与实践

王 琳 王 丽 著

U0287478

科学出版社

北京

# 内 容 简 介

本书聚焦山东黄河流域水生态保护与修复实践,介绍了水文的重要基础性作用,基于流域水生态过程,识别流域的重要不同级别的生态斑块系统,维持降雨–入渗–蒸发的垂向水文循环及降雨–径流–河流的水平水文循环,优化生态布局,修复流域水循环,给出了水生态保护与修复技术框架和流域水生态健康安全评价方法,提出了遵从河流水系的演进规律,建立水生态导向下的流域城市街巷形态,形成与河流水生态耦合共生的城市空间组织方式。

基于大量现场实测数据,通过流域保护与修复的实践案例,为规划设计人员进行流域水生态保护与修复提供参考,为工程技术和研究人员在水生态领域理论与技术创新提供了借鉴。

本书可供高校环境科学、流域水生态保护的师生以及从事水生态研究的管理人员和工程技术人员阅读参考。

**图书在版编目(CIP)数据**

山东黄河流域水生态保护与修复的探索与实践/王琳,王丽著. -- 北京:科学出版社,2024. 9. -- ISBN 978-7-03-079403-1

Ⅰ. X143

中国国家版本馆 CIP 数据核字第 20242YL347 号

责任编辑:霍志国 / 责任校对:杜子昂
责任印制:吴兆东 / 封面设计:东方人华

**科 学 出 版 社** 出版
北京东黄城根北街 16 号
邮政编码:100717
http://www.sciencep.com

北京富资园科技发展有限公司印刷
科学出版社发行  各地新华书店经销

＊

2024 年 9 月第 一 版  开本:720×1000  1/16
2025 年 1 月第二次印刷  印张:12 3/4
字数:257 000
**定价:118.00 元**
(如有印装质量问题,我社负责调换)

# 前　言

　　流域是由水体、地貌、土壤和生物等因素共同构成的、以分水线为边界的集水区，是地球表层系统的一个自然划分单元，通过水文联系上下游、左右岸成为一个有机整体；流域水文循环是一个动态的发展演变过程，在各种自然和人为的驱动力作用下，流域水循环发挥着联系地球系统地圈—生物圈—大气圈的纽带作用，并形成了连续、流动、独特而完善的系统。流域系统是生态、社会、经济3个子系统组成的复合生态系统，由人的活动紧密联系，相互影响，相互制约。流域成为水生态系统综合治理和集成管理的重要地理空间。

　　2017年2月，中央全面深化改革领导小组第三十二次会议审议通过了《按流域设置环境监管和行政执法机构试点方案》。在试点方案中，首次使流域成为生态环境行政治理的管控空间，提出了"要遵循生态系统整体性、系统性及其内在规律，将流域作为管理单元，统筹上下游、左右岸，理顺权责，优化流域环境监管和行政执法职能配置"。

　　我国已开展了十余年的生态文明建设，制定了许多相关政策，如水土保持、退耕还林还草、河长制等。但是，全局性、系统性和科学性的管控系统还远没有形成。因此，迫切需依据流域系统性、完整性，构建全新的水生态流域理论体系，在保持流域生态系统结构和功能健康的前提下，制定和实施流域总体规划，使流域内的一切生产及生活活动与流域水生态系统的承载力相协调。开展流域水生态环境保护与修复的实践，建立管理框架和模式十分重要。

　　本书汇集了著者近年来开展流域水生态系统保护与修复的研究成果，聚焦山东黄河流域生态保护实践，提出了小清河、徒骇河和大汶河流域是山东黄河流域的水生态修复的重点空间，是山东黄河流域生态屏障构建的重要区域。明确了流域为尺度单元的一体化水生态规划与管理是实现生态水文学原则，体现生态水文学价值，落实生态文明要求，实现人与自然和谐共生的最有效途径。

　　本书主要介绍了水文的重要基础性作用，基于流域水生态过程，识别流域的重要森林、河流、湖泊、湿地、绿地等不同级别的生态斑块系统，划定流域强渗带区域，保护强渗区域地表敏感地形及植被，帮助地表水回充至承压层或潜水层，维持降雨–入渗–蒸发的垂向水文循环及降雨–径流–河流的水平水文循环，优化生态布局，修复流域水循环，建立水生态修复技术框架。提出了在人与自然和谐共生的背景下，维护城市水生态健康安全与可持续发展，迫切需要改变以人为中心的流域城市空间组织方式，遵从河流水系的演进规律，符合水系自然的形态，建立水生态导向下的流域城市街巷形态，形成与河流水生态耦合共生的城市空间组织方式。

著者利用水生态修复的技术框架在黄河流域中心城市济南进行了探索性实践，选择了济南市不同的流域空间，探索了水系统和植被耦合形成的水生态系统，修复河流水系和生态系统的连通性，形成具有生态韧性的水生态网。

在人与自然和谐共生的时代，黄河流域水生态文明，需要塑造具有广泛认知的水生态文化，促成生态认知的变革，缔造生态文化，从本质上实现文明的呈现，形成人与自然和谐的生活轨仪和意义。按照人与自然和谐内涵修饰城市景观，孕育城市文化，成为城市文化的底色和未来逻辑，潜移默化渗入居民的生活，赋生态以生活意义。

著　者

2024 年 7 月

# 目　　录

# 第 1 章　山东黄河流域水生态环境

黄河是人类文明的起源，孕育了中华文明，形成了人口众多、规模庞大的城市区域。黄河流域是水生态文明的原点，形成了从上古黄河到近现代黄河的治理理念、技术和规制发展史。伴随黄河流域经济的高速增长，水环境问题和城市化进程推动流域治理理念、技术和规制持续发展，开启了现代水环境治理阶段，进入了向流域多目标、系统化和综合管理的转向。这个转向需要构建面向人与自然和谐共生的思维框架，进行流域水生态导向下的流域国土空间总体规划探索，形成新的城市空间秩序与形态。

山东黄河流域由大汶河、小清河和徒骇河等流域组成，流域导向下的区域性规划的探索方兴未艾，流域空间总体规划呼之欲出。

## 1.1　黄河流域水生态环境治理的起点、转向与未来

黄河文明是世界四个大河文明之一，黄河文明不仅是东亚地区，也是世界上唯一延续至今的文明[1-3]。河流是人类文明的起源，是联结水圈、生物圈、岩石圈的重要纽带，是重要的生物栖息地。黄河是中华民族的母亲河，孕育了中华文明，催生了流域城市的诞生、辉煌、迁徙和湮灭。4000 多年前，黄河中下游地区出现城市萌芽。从夏代（约公元前 21 世纪）到秦统一全国（公元前 206 年）[4]，黄河中下游地区是我国古代城市成长发展的主要集中地区。清至民国，黄河流域范围有 236 座城市[5]。2020 年黄河流域有山东、河南、山西等 9 个省区，济南、郑州、太原、呼和浩特、西安、兰州、银川、西宁 8 个省会城市，济南、青岛、西安 3 个副省级城市以及 7 个城市群，人口众多，规模庞大。

### 1.1.1　黄河流域水生态环境治理的演进

#### 1. 黄河流域水生态文明的起点

司马迁在《史记》中记述大禹治水时提出，从"下民皆服于水"到"众民

乃定，万国为治"，道出治国先治水的铁律。从上古黄河到近现代的治理从未离开过治理水患[6,7]，在黄河干流龙羊峡至花园口河段共布置梯级工程36座，截至2002年底，黄河干流已建成龙羊峡和小浪底等11座梯级工程[8]。多个重大的综合性枢纽工程以及引黄工程，保障了4.18亿人生产生活用水及生态环境用水[9]。黄河是流域城市的主要水源，山东省有12地市的70个县（市、区）利用黄河水，年内引黄水量58.70亿 m³，占地表水供水量的47.0%，占可用黄河水资源量的83.9%，其中，东营、德州、聊城、菏泽四市分配的黄河水量占黄河山东总供水量的68.53%，对黄河水的利用已接近极限。

## 2. 黄河流域城市排水系统的雏形

齐国故城位于今淄博市临淄区，故城面积达15km²，城中建筑周围有河卵石铺成的斜坡式散水设施，地下有集水的陶质管道，管道断面为边长约35cm的三角形或直径约25cm的圆形，院落内的积水通过管道流入渗水坑或流到院外，汇入城市排水系统。夏至春秋战国时期黄河流域已经有雨水、污水合流排水系统[10,11]。秦朝古都咸阳有陶质排水管道、排水池、散水等完善排水系统，阿房宫下水道是五边形陶土管，较方形管道结构，能承受来自路面的压力[12]。唐代长安有排水系统规划设计，在14条南北走向、11条东西走向的街道两侧规划建设明沟，坊间巷道下建砖砌的暗沟与明沟相通，构成了长安城的排水、排污体系[13]。唐代长安的排水系统中已经使用了初级的水处理装置，用于防止渠道淤塞，每隔一段安装一组闸门，第一道闸门由铁条构成直棂窗形，拦阻较大污物；第二道闸门以布满菱形镂孔的铁板，滤出较小的污物，相当于现代污水处理厂的粗细格栅[13]。宋代都城开封城内有排水沟二百余条，北宋李明仲所著的《营造法式》有专章介绍水关的修筑方法[14]。黄河流域城市出现推动了水环境治理技术的萌芽。

## 3. 黄河流域城市污水处理的锚点

新中国成立初期工农业生产处于兴起阶段，污水污染程度低，提倡利用污水进行农业灌溉，特别是北方缺水地区将污水灌溉利用作为经验进行推广。据1996~1999年统计，全国污水灌溉面积为361.84万公顷（1公顷＝10000m²，后同），黄河九省区的污灌面积占全国污灌面积的41.77%[15]。1983年接续颁布了《水污染防治法》《水污染防治法实施细则》《地面水环境质量标准》（GB 3838—

1983）等、1989 年 12 月《中华人民共和国环境保护法》颁布，1992 年黄河流域山东段第一座污水处理厂在淄博市投入运行[16]，同年山东泰安、济南等城市污水处理厂陆续投入使用[17,18]，1989 年发布中国环境状况公报，1991 年第一次发布山东省环境质量报告书。近十年的黄河流域山东段水环境变化如表 1.1 所示，污水处理设施的建设基本普及，城市生活污水处理率 90% 以上，极大地提高了城市污水的处理水平，切实改善了水环境质量[19]。

表 1.1　山东省城市污水处理厂数量、处理率及山东海河流域水环境质量[19]

| 年份 | 城市污水处理厂/座 | 污水集中处理量和处理率/（万吨/日，%） | 地表水环境（山东海河流域） |
|---|---|---|---|
| 2003 | 68 | 384.8，43.5 | 25 个省控断面（3 个断面断流），1 个符合Ⅳ类标准、1 个Ⅴ类标准，其余劣Ⅴ类 |
| 2013 | 250 | 1150，93.9 | 27 个省控断面Ⅳ类的 7 个，Ⅴ类的 11 个，劣Ⅴ类的 9 个 |
| 2022 | 337 | 1871，95.7 | 48 个省控断面中水质优良 18 个；Ⅳ类的 30 个 |

## 1.1.2　黄河流域水生态环境系统性退化与治理的转向

### 1. 经济发展和城镇化诱发水生态环境系统性退化

黄河流域丰富的自然资源使其成为全国最大规模的基础产业、能源原材料工业的基地，2018 年，9 个省区 GDP 约 221218.93 亿元，约占全国的 26%[8]。2011 年，中国城镇人口达到 6.91 亿，城镇化率首次突破 50% 关口，完成了从乡村社会到城市社会转型，进入城市社会时代[20]，2022 年全国常住人口城镇化率为 65.22%，"十四五"末城镇化率将达到 70% 以上[21]。2012～2021 年，黄河流域镇数由 6838 个增长至 7514 个，增加 676 个，城镇化率从 53.10% 增长至 64.72%，年均增长 1.29%[22]。2021 年末流域内 9 省区总人口为 4.15 亿，约占全国总人口的 1/3[23]。工业化和城镇化的快速推进，国土空间开发格局发生了巨大变化[24]，黄河流域国土开发度的理论值为 3.97%，2018 年流域内实际开发比例为 3.67%，距离理论上限所剩的实际面积为 1.04 万平方公里，山东实际开发强度超过理论上限，为 3.66%。一些城市空间的过度扩张，加剧了区域空间国土开发的不均衡[25]。流域内存在重局部开发、轻整体协同，重国土利用、轻流域保育，重"竭泽"开发、轻水域生态修复等问题[26]。城镇化引起的土地利用/覆被变化是自然生态系统和人类活动相互作用最为密切的环节，森林、湿地、农田面积减少，城市用地增加，黄河流域生态系统变化剧烈[27]。快速的城镇化，城市病突出，设施老化，人居环境差，生态文化保护不足，安全风险隐患增加；快速城市化在短期内永久改变陆地生态系统的结构与功能；城市化改变了流域生态系统能量输送和物质的水文循环，改变了物理、化学和生物过程。流域水循环的变化导致流域生态系统退化等一系列生态环境问题[28,29]。

## 2. 黄河流域水生态环境治理的转向

2015 年之前，城市水环境治理是单一目标导向下的水环境管理，面向水环境点源污染，修建排水管网，处理污水达标排放；面向洪涝灾害，进行防洪规划，修建泄洪系统、雨虹泵站进行强排；面向供水水质污染，水源地保护、供水深度处理，保障供水水质达标。水生态在管理中，还远没有供水、排水和防洪，形成了制度安排和规范体系。2013 年中央城市化工作会议中明确提出了"海绵城市"的概念，住房和城乡建设部 2014 年发布《海绵城市建设技术指南——低影响开发雨水系统构建（试行）》，阐述了建设海绵城市的内涵意义[30]。2015 年国务院印发实施《水污染防治行动计划》，使水污染治理实现了历史性和转折性变化，提出了水污染防治、水生态保护和水资源管理"三水"统筹的水环境管理体系。2015 年黄河流域的济南成为第一批海绵城市试点城市之一，2016 年编制完成《济南市海绵城市专项规划》[31]。"海绵城市"概念的提出和管理体系的转变是水生态管理的转向，是从单一目标的管理向多目标、系统化和综合管理的转向。

## 3. 流域导向下的水生态理论演进

水生态成为术语，首次出现在 1997 年联合国教科文组织国际水文计划（IHP）中，定义为："将某个流域生物群落和水文学的制衡关系定量化和模型化，二者相互修正、相互促进，从而减缓人类活动对生物群落和水文的影响，最终保护、提高和恢复流域水生态系统的承载能力，实现可持续利用"[32]。水是影响生态系统平衡与演化、控制生态功能的关键因子，水生态环境是以水循环为纽带，联系降雨-径流物理过程，以水环境水生态表征的生物地球、生物化学过程和以城市建设高强度人类活动为特点的人文过程相互作用和反馈的复杂系统[33]。水是基础性的自然资源,具有流域整体性和功能综合性等特点[34]。内陆河流域是一个相对封闭、边界清晰的集水区,是自然过程与人文活动相互作用最为强烈的地区之一[35],是水的自然流动性形成的具有完整反馈自然-经济-社会复合生态系统。生态学与水文学结合的最大挑战是尺度,生态学在规划领域尺度有区域尺度、城市尺度和微观栖息地尺度。水是以流域为尺度进行规划管理,依据近期的研究进展,以流域为尺度单元的一体化水生态规划与管理[36]可以实现生态水文学原则,在世界各国的立法中体现出生态水文学价值[37]。一体化水生态规划与管理成为落实生态文明要求,实现人与自然和谐共生的路径。2021 年 10 月中共中央 国务院印发《黄河流域生态保护与高质量发展规划纲要》,形成了黄河流域区域治理一整套、多层级、多元参与区域规划体系,打破了行政界线,优化调整流域经济和生产力布局,形成跨区域合作走廊,增强流域发展动力[38]。规划纲要的颁布,彰显了水生态理论在实践层面的落实。

4. 流域综合规划与流域国土空间规划

流域综合规划是统筹一条河流流域范围内各项开发、治理、保护与管理任务的综合性规划。2018 年以来,流域规划内容不仅要包括防洪减灾、水资源配置、河湖水生态系统保护、水土保持、水利基础设施布局和能力提升等内容,还包括用水管控,河湖水域生态空间管控,对发电、航运等综合利用要求等[34]。甚至开始讨论国土空间规划下的流域生态规划[39]。流域综合规划已经满足不了将与水有关的各类经济社会活动限定在水资源、水生态、水环境承载力约束和管控范围内。流域导向下的水生态文明思想演进需要在流域范围内进行国土空间规划,提出了我国流域规划逐渐趋向于在一个特定流域内对整个国民经济社会进行总体战略部署[40]。流域范围空间规划在国际上有经验可循。在德国北威州政府的推动下,持续 10 年的"埃姆歇公园"计划,覆盖姆歇河流域 800km²,包括 17 个城镇和 2 个行政区、250 万人口[41]。"埃姆歇公园"计划在流域域内完成了河流自然岸线修复,工业遗产再利用,促进鲁尔区实现从"工业锈带"向绿色、现代、富足的大都市区的转型。2019 年 5 月中共中央 国务院发布的《关于建立国土空间规划体系并监督实施的若干意见》明确指出:跨行政区域或流域的国土空间规划,由所在区域或上一级自然资源主管部门牵头组织编制,流域国土空间规划是国土空间规划体系的重要组成部分[42]。以流域为规划范围,编制流域国土空间规划，落实国土中长期发展目标和发展战略，从政府层面处理土地利用和自然环境发展的关系，协调各交通、农业和环境等的发展政策，在区域范围内，优化人类活动，改善生活条件，重新配置物质基础，对区域的生产、生活和生态等各种人类活动进行综合安排。

### 1.1.3　流域水生态环境治理的未来——人与自然和谐共生

1. 构建人与自然和谐共生思维框架

"工业文明"借由各种新兴技术发展起来的大规模生产、流通和消费为核心的"产业化社会""信息化社会"导致的巨型社会，形成的巨大人工环境，显示出从未有过的强烈的进化危机[43]。"工业文明"进入了文明转换期，新的文明形态将打破"物质与能量创造出来的机械社会"。人类不断探索、改造自然环境，构建了人类主导的自然环境，推进了生态文明的思想的持续演进。人类文明的演进在本质上是由浅入深地不断推进对自然物质层次的认识与改造[44]。余谋昌提出"生态文化是人类伴随历史发展产生的新的生存范式，即人与自然和谐发展"[45]。Alberti 等认为从恢复和适应性循环变化的角度发展一种自然和人类系统相互转换的综合理论。这些理论改变过去人与自然分离或者对立的二元论，进入人与自然共生一元价值观的体系。人与自然和谐共生是解决"工业文明"产生的生存危机的有效路径，人是万物的尺度，也只有人具备构建新人类文明演进思维框架，利用制度设计、技术安排与社会心理影响社会运行方式，并向有利于人与自然和谐共生的方向演进。这就是 B. Mackeye 认为的"区域规划就是生态学，尤其是人类生态学"[46]，提出了"人类生态学关心的是人类与环境的关系，规划的目的是将人类与区域的优化关系付诸实践"。党的二十大报告中指出"人与自然是生命共同体，无止境地向自然索取甚至破坏自然必然会遭到大自然的报复"，"尊重自然、顺应自然、保护自然，是全面建设社会主义现代化国家的内在要求"。黄河流域长期以经济建设为中心，形成了技术理性思维主导的发展方式，急需用生态永续理性思维替代，用整体化、系统化、多代际的思维构建生态永续的思维框架。

2. 流域水生态规划导向下的空间布局

区域规划是对一定空间范围内经济、社会和物质资源的综合管理，由"区域"的空间实体和"规划"的实践构成[47]，流域构成了地球陆地生态系统运行的基本空间生态单元，是生态系统的最佳自然分割[48]。流域是一个相对封闭、边界清晰的集水区，水的自然流动性形成了具有完整反馈自然–经济–社会复合生态系统。流域是区域空间的基本单元，水文长期以来都被视为生态规划设计的重要影响因素，水分是植被光合作用的限制因子，制约植被总初级生产力的骤然下降，影响净生态系统生产力[49]。水循环提供的水分条件支撑和维持生态系统的生存和发展，地表与地下径流，即水文过程造就了特定景观格局[50]。流域水生态规划导向下的空间布局是发挥水文的重要基础性作用，基于流域水生态过程，识别流域的重要森林、河流、湖泊、湿地、绿地等不同级别的生态斑块系统，划定流域强渗带区域，保护强渗区域地表敏感地形及植被，帮助地表水回充至承压层或潜水层，维持降雨–入渗–蒸发的垂向水文循环，以及降雨–径流–河流的水平水文循环[51]，优化生态布局，修复流域水循环，对流域空间进行水生态导向下的科学布局。

**3. 按照水生态尺度与秩序规划流域城市**

2021 年黄河流域镇数增长至 7514 个，城市众多[22]，对流域水生态环境影响显著。在不同时期，城市规划的目标不同，规划尺度和秩序不同，新中国成立初期"一五"规划发展的目标是"把我国由落后的农业国变成先进的社会主义的工业国"[52]，城市规划按照为工业企业建设服务进行组织[53]。大院成为最高效的街区组织形式，主导了"工厂+居住"的城市开发模式，形成了尺度 $20\sim60hm^2$ 的封闭街区[54]。生态文明建设成为基本国策，流域水生态保护与修复上升为主要约束性指标，在流域范围内，流域水生态单元是具有完整水文生态功能的自然地理单元[55]，流域下垫面的土地使用会对流域水生态单元结构产生显著的剧烈影响[56]，现行的城市规划是基于行政管辖边界、现状地块限定的地域尺度，城市规划与流域水生态单元存在空间错位，土地利用规划与水生态功能完整性的尺度不一致，由城市道路或边界划分的城市街区，将间接破坏流域水生态单元结构，导致自然状态下地表水系产生不可恢复的改变。流域水生态尺度框架下，街区尺度、形态和土地开发结构强度等都应从源头上遵循水生态过程的空间约束[57]，建立流域城市规划与水生态尺度与秩序的有机耦合。

#### 4. 孕育流域城市水生态文化，营造生活意义

城市是文化的载体，孕育城市文化，影响居民价值取向。古代尊崇儒家伦理道德和宗法观念，《周礼·考工记·城制》以宫为中心的"左祖右社"，面朝后市的王城主体结构，城郭中的官署、民居和宗祠牌坊宣扬着长幼有序、慎终追远的伦理观念。"人与自然和谐共生"的价值观导向下，以最终实现人的全面发展的城市生活一定是多维度的，不仅有物质生活的极大丰富，更需要有精神生活的饱满与充盈。美国著名的城市理论家、建筑评论家和社会哲学家刘易斯·芒福德提出"城市规划必须有一个小心谨慎的、社会的、生物学的及美学的原则"[58]，按照这样的原则规划城市，塑造艺术、文化和人文精神。生态危机归根结底是人类的文化危机[59]，生态建设实质上是文化的建构过程。在人与自然和谐共生的时代，黄河流域水生态文明，需要塑造具有广泛认知的水生态文化，促成生态认知的变革，缔造生态文化，从本质上实现文明的呈现，形成人与自然和谐的生活轨仪和意义。按照人与自然和谐内涵修饰城市景观，孕育城市文化，成为城市文化的底色和未来逻辑，潜移默化渗入居民的生活，赋生态以生活意义。

### 1.1.4　黄河流域人类文明新形态

黄河流域孕育了人类文明，技术发展进步推动了流域社会的演进，在演进中，人类文明脱离了流域生态水文循环的物理、化学和生物过程，以自身利益为标准，不断探索改造自然，构建了人类主导的人工环境，确立人类中心主义原则，割裂了人与自然的和谐相处的可能。党的十八大提出了人与自然和谐共生的发展理念，扭转了工业文明演进的方向，走向了人与自然和谐的新境界。所有的文学、艺术、科学都承担着将人类推向这种生命至境的使命。人与自然和谐共生要从自然生态和社会心理两方面去创造一种能充分融合技术和自然的人类活动的最优环境，诱发人的创造性和生产力，提供高水平的物质和生活方式，从生态学角度来阐释未来的社会形态，将自然融入生活。

## 1.2　区域水生态基础设施与小清河的生态价值

小清河复航引起相关产业部门乘数扩张带来经济增长，在推动经济社会发展

的同时，也将增强区域生态环境压力。发挥小清河区位优势，利用生态技术改善基础设施的生态功能，优化人工河流自然形态，增强区域生态源地的连通性，形成具有水生态韧性的区域多功能生态基础设施。利用小清河区域多功能基础设施，推动区域的可持续发展。本书第一次提出了区域多功能基础设施的概念，突破了以城市行政边界为范围的生态规划，强调了生态功能的跨行政边界性和多功能基础设施的前瞻性。

人类发展是一个不断扩大人的选择权的过程，它以自然资源共享为前提[60]。但随着城市化进程的加快，大多数城市正在以最脆弱的生态环境和最少的自然资源承载着数量最多的人口，生态环境脆弱的直接诱因是生境破碎，生态景观之间连通性降低甚至消失，为了保持发展的可持续性，修复破碎生态环境，最直接有效的措施是修复连通性[61-63]。连通性可以维持生态景观重要的过程、生态恢复力和适应能力，特别是重构功能景观生态网络，减轻了景观变化的破坏性影响[64,65]。生态基础设施被认为是有效增强连通性的路径。1984 年联合国教科文组织的"人与生物圈计划"（Manand Biosphere Programme，MAB）的报告中提出生态基础设施的概念，1999 年，美国可持续发展委员会在报告中强调生态基础设施是一种能够指导土地利用和经济发展模式往更高效和可持续方向发展的重要战略[66]。欧盟委员会在 2013 年将生态基础设施定义为：具有其他环境特征的自然和半自然区域的战略规划网络，旨在提供广泛的生态系统服务。

基础设施是以保证社会经济活动、改善生存环境、克服自然障碍、实现资源共享等为目的建立的公共服务设施[67]。生态基础设施的概念在实践应用中分为两类，一类是对常规基础设施赋予生态功能，如《加拿大城市绿色基础设施导则》（2001）中定义生态基础设施是基础设施工程的生态化，主要以生态技术改造或代替道路、排水、能源、洪涝灾害治理及废物处理系统基础设施[68]；另一类生态基础设施是由栖息地、自然保护区、森林、河流、沿海地带、公园、湿地、生态廊道及其他一切自然或半自然的构成，能够提供基础性支持功能的生态服务设施[69]。生态系统服务是指维持人类赖以生存的生态系统健康，提供供给服务、调节服务、生命承载服务和文化精神服务[70]。生态基础设施作为一个整体规划概念是全新的，反映了人们对于生态网络体系认识的新高度。区域生态基础设施具有跨地域边界的特点，泛欧洲生物和景观多样性战略（PEBDLS）提出修建适宜的空间环境，在欧洲构建生态网络，全面保护生态、生境和种群，是生态基础设施的典型案例[71]。

　　水生态基础设施利用河流水系形成一个完整的功能体系，保障水系统综合生态系统服务的基础性空间结构。河流水系生态基础设施，是综合性的利用生态技术强化河流的生态功能，或者在已有传统的工程性灰色基础设施进行生态化改造；同时利用河流流域的湿地或者沿途湖泊，形成一个生命的系统；河流水系作为生态基础设施不仅有单一航运功能、泄洪功能，而且综合系统可持续地解决流域水生态健康与流域可持续发展[72]。通过生态途径，对水生态系统结构和功能进行调理，增强流域的生态系统的整体服务功能。本章以山东省小清河流域为研究对象，面向多功能、可持续流域水生态规划，利用水生态基础设施，提升流域水生态韧性。

## 1.2.1　小清河形成与功能

### 1. 重要泄洪航运河道

　　1130～1137年为防洪排涝，并兼有舟楫之利，循历城济水故道，挑挖疏浚，成为独流入海河流，并为增加水源，在华山下筑泺堰，使源于济南泉群的泺水，注入新开河道[73]。1891～1893年经疏浚治理，全河干流拓宽至30m，河深2.6～3m，两岸马道宽30m，汇流群泉之水，从寿光羊角沟到历城黄台桥全线恢复通航，成为山东省重要的排洪和航运河道[74]，小清河航运进入繁盛期。小清河航运的三个起航点和终航点分别是济南黄台桥、寿光羊角沟、桓台索镇。清末时期，小清河在寿光羊角沟实现海河联运，在济南黄台桥实现与胶济铁路联运。

### 2. 生产生活用水与防洪

　　新中国成立后，为治理小清河，济南市曾先后4次设立机构，进行勘测规划，并确定了"上蓄、中滞、下排"的流域治理原则。1950年疏浚小清河9.4km。1952年从津浦铁路东起，沿小清河左岸，距河100m左右开挖新引河1条，至五柳闸东100m入小清河，以承泄左岸排水和便利航运。1958年，济南市在小清河的支流中上游修建了大中型水库5座、小型水库73座、拦河坝50座，总库容1.84亿m³[75]。在全域范围内先后修建1座大型水库（太河水库）、7座中型水库（杜张水库、大站水库、垛庄水库、杏林水库、萌山水库、石马水库、仁河水库）、滞洪区7处[上华山洼、小李家滞洪区、白云湖、芽庄湖、青纱湖、马踏湖（麻大湖）和巨淀湖]。这些工程对消减洪峰，减轻灾害，发展灌溉、养殖等发挥了重要作用。小清河干流自西向东流经济南、淄博、滨州、东营、潍坊 5 个市、12 个县（市、区），全长 229km，流域面积 10433km²，约占全省总面积的 6.7%，是鲁中地区一条重要的人工防洪排涝河道，兼有农田灌溉、海河联运等多种功能[76]。小清河航道通过河道清淤、修筑河堤、裁弯取直、修建分洪河道等，以保障其发挥航运及泄洪、灌溉等功能[77]。

### 3. 小清河水环境治理与复航

20 世纪 70 年代后，小清河是流域内主要的纳污河道，沿岸人口稠密、排污企业数量较多，工业废水和生活污水的大量排入，加重了小清河的水环境负荷，水质开始恶化。按照《地表水环境质量标准》（GB 3838—2002），对小清河黄台桥、五龙堂、博昌桥和羊角沟 4 处断面 2010 年的年均值进行评价，结果表明 4 处断面均为劣 V 类[78]，造成巨大的社会经济损失[79,80]。近年来政府加强水污染治理[81]，在小清河流域建立污水处理厂[82]，持续改善水环境。

1997 年，因水资源紧张等原因，小清河彻底断航。2020 年山东省政府《关于加快省会经济圈一体化发展的指导意见》明确贯通航运"黄金水道"，加快小清河复航工程。为满足小清河Ⅲ级航道通航标准，重建设施和航道，改建三级航道 169km，新建、改建船闸 4 座、桥梁 36 座，改造水利、管道、线缆等设施 777 个[83]，2023 年 6 月复航工程竣工。

在恢复通航的工程化改造过程中，对小清河的生态功能关注不足，没有利用小清河构建区域水生态网，增强区域的水生态韧性。本章提出小清河的生态价值，为后续区域的水生态功能规划及提升提供理论和技术框架。

## 1.2.2　区域多功能水生态基础设施

### 1. 给河流空间

如果小清河是山东地区抵御洪水历史的见证，那么在荷兰洪水是国家集体记忆的重要组成部分，历史、文学和民间传说通常将洪水管理称为"与水狼的战斗"[84]。1996 年，荷兰数千年的洪水管理发生了历史性的转变，提出了给河流空间 RftR 战略。给水空间提出了 3 种价值平衡的理念，水力有效—保护土地免受洪涝，生态稳健—构建几乎不需要维护的自然过程，提升现有景观的文化内涵和美感[85]，按照自然节律调节洪水，而不是使用暴力[86]的技术措施。

## 2. 水生态基础技术措施

主要技术措施有：①修复水生态通道，形成生态与水环境耦合的系统。生态系统中最重要的是组成部分的连通性，通过连通系统连接种、群和生态系统，在多营养级之间进行营养分配。连接良好的生态系统具有储存营养源的能力，生态系统不同组成部分在处理营养源中承担了不同的角色。水生态系统具备联系大气与陆地景观的能力，在水生态系统和陆地生态系统之间形成动态联系，这种联系可以在两种生态系统之间形成转运营养源的通道[87]。②保持通道的自然状态。自然状态下生物多样性水平高，营养盐截留和传递通道多，人工开发后，住宅和农业取代了自然植被，导致营养传递通道减少，生物多样性下降，流域下游的浮游植物增加[88]。③恢复河（湖）滨带，河（湖）滨带被用作缓冲区，拦截从陆地环境进入淡水环境的污染物[89]，河（湖）滨带的坡度要小于 15% ~ 20%，有利于大型水生植物生长[90]。④有效的河（湖）滨带宽度。河流廊道的宽度与水生态功能密切相关，不同廊道宽度可适应不同水生态功能的需要[91]，廊道宽度、功能定位和生态效益如表 1.2 所示。河流廊道的连通性通常以纵向、横向和垂直维度来表示。受河流廊道空间和时间异质性的影响，不同类型的河流廊道连通性对河流所承受的抗逆性不同[92]。

**表 1.2　河流生态廊道适宜宽度值[94-101]**

| 廊道宽度/m | 功能定位 | 生态效益 |
| --- | --- | --- |
| 3 ~ 12 | 与物种多样性相关性接近于零 | 仅能满足无脊椎动物生存需要 |
| 15 | 河流廊道的最小设计宽度 | 有效控制河流浑浊度，维持水质清澈 |
| 30 | 固土护坡，稳固河岸的最低设计宽度 | 可调节周围环境的温度，控制河流营养元素的流失 |
| 60 ~ 100 | 生物多样性保护的最低设计宽度 | 有效减少河流沉积物，满足高等植物种群生存需求 |
| 100 ~ 200 | 保护鸟类种群的最佳设计宽度 | 维持鸟类生物多样性，可组建较为丰富的物种群落 |
| ≥400 | 自然丰富的景观结构最佳设计宽度 | 可创造自然生境，满足高等动物基本生存需求 |

图 1.1 对比了自然状态与人工开发后，对河流水系积水区的水生态过程的影响，表明近自然状态的水系过程能够提升水系的水生态价值，为此提出了近自然的水系修复理论，用水生态技术措施进行水生态修复。

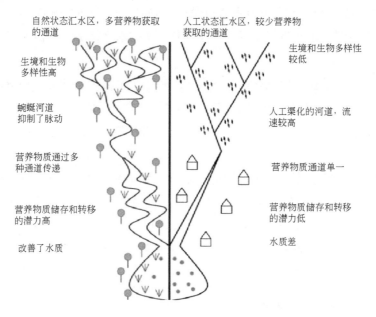

自然状态汇水区，多营养物获取的通道

人工状态汇水区，较少营养物获取的通道

生境和生物多样性高

生境和生物多样性较低

蜿蜒河道抑制了脉动

人工渠化的河道，流速较高

营养物质通过多种通道传递

营养物质通道单一

营养物质储存和转移的潜力高

营养物质储存和转移的潜力低

改善了水质

水质差

图 1.1　自然状态与人工开发后的连通功能对比[93]

### 3. 构建区域性多功能水生态网络

1980 年，Vannote 等提出河流连续体理论，认为水生态空间是一个连续的整体，河流生态系统具有整体性[102]，是物理标量纵向连续变化与生物群落相适应的整体。河流还拥有河道的景观，具有时空的异质性，汇水区、河道和支流范围，都进行着物质、能量和有机质交换，符合景观基质、斑块、廊道和嵌块景观生态学理论[103]。Bennett 和 Wit 认为自然半自然景观单元形成生态网是保护和修复生态功能、维持生态多样性的有效措施[104,105]。水生态网络系统可以增加河道的复杂性、自然泛洪区面积、非建筑用地调蓄洪水的能力。

### 1.2.3　小清河的区域功能

#### 1. 小清河是区域基础设施

小清河是重要的排洪通道。全线按 5 年一遇除涝标准扩挖河槽，20 年一遇防洪标准（济南市区 50 年一遇）全线修筑和加高培厚两岸堤防。治理后，干流防洪能力济南市区段由 100m³/s 提高到 390～450m³/s，中游胜利河口段由

230m³/s 提高到 900m³/s，下游入海口段由 500m³/s 提高到 2000m³/s。小清河改变流域水文过程，不同空间位置的湿地具有特定的水文情势，在流域尺度发挥水文功能。

小清河流域承担了流域防洪、调洪蓄水和生产生活用水功能。小清河流域内有大中型水库和滞洪区，其中 1 座大型水库，8 座中型水库和上华山洼、小李家、白云湖、芽庄湖、青纱湖、马踏湖及巨淀湖等滞洪区，承担了区域生产生活供水功能。

小清河是贯穿济南、滨州、淄博、东营、潍坊 5 市的海河直达运输的通道，航道可满足 2000t 级船舶安全通行需要，成为区域重要的基础设施。小清河复航后，京杭大运河、小清河、新万福河"一纵两横"内河航运骨架基本建立，小清河成为鲁中地区一条重要的排水河道，以及兼顾两岸农田灌溉、内河航运，具有海、河联运等多功能的河道。

### 2. 小清河流域空间特征与生态功能

小清河是区域性的人工河流。小清河干流自西向东流经济南、淄博、滨州、东营、潍坊 5 个市、12 个县（市、区），全长 229km，流域面积 10433km²，约占全省总面积的 6.7%。形成了自然与半自然的河网系统。流域内南部为山区丘陵地势高，北部为山前冲积洪积扇和黄河冲积平原地势低，小清河支流几乎全部分布在干流南侧，干流位于流域的最北部，流向总体呈自西南向东北方向，呈典型的单侧梳齿状分布。小清河流域水系复杂，支流众多，一级支流 46 条，全流域河网密度为 0.266km/km²，流域完整系数为 0.290。流域内各河流，除干流常年有水外，各支流均为季节性河流。

小清河是流域多尺度湿地的主要连接通道。小清河流域多年平均天然径流深 78.2mm，流域内湿地面积 2624.42hm²，湿地涵养水源量约为 205.23 万 m³，如表 1.3 所示为流域主要湿地。湿地是流域环境物质的汇聚地，生物多样性丰富，通过小清河通道连接，小清河复航设计宽度 70～130m，提供了湿地间的交流通道，维持了区域生态平衡。

### 1.2.4 修复小清河流域水生态系统，形成区域多功能水生态基础设施

小清河已经是区域重要的航运、防洪和供水基础设施，具备了成为区域多功能生态基础设施的条件。基于小清河的跨城市行政边界，进行了行政区域的单一

的湖泊的规划整治，河道治理工程，全流域的整体性水生态研究与规划还没有形成。

**表 1.3　小清河流域主要湿地**

| 湖泊名称 | 功能 |
| --- | --- |
| 巨淀湖 | 位于潍坊，淄河、张僧河和阳河等汇聚形成，季节性湖泊，湖区面积约 16.6km²[106] |
| 马踏湖 | 位于淄博市境内，小清河南岸最大的洼地，面积 26.6km²。小清河支流的天然蓄滞洪区，国家湿地公园和山东省重点生态功能保护区，马踏湖紧邻村庄，外围缓冲带较窄或无缓冲带，外侧多农田，存在农村生产生活污染 |
| 青纱湖 | 位于小清河与杏花河之间，面积约 4.76km² |
| 芽庄湖 | 小清河南岸支流杏花河水系上游，湖区总面积约 5.95km²，漯河及湖区周边来水，流域面积 4.64km² |
| 白云湖 | 济南市最大的天然淡水湖泊湿地，总面积 1627.5hm²[107]，白云湖周围进行了农业和养殖业开发 |

### 1. 修复区域湿地景观单元的联通性，构建区域水生态网络设施

小清河流域多系山洪河道，通过小清河连通，形成了流域水生态廊道，总体形态为单侧梳齿状分布。小清河各支流河流缓冲区构成了水生态廊道网络的支动脉，贯穿于河流发源地至流域出口，连接了流域不同位置生态空间，主要为 46 支流及缓冲区，包括连接部分生态源地湿地和山体。湿地通过水文过程与湿地生态系统相互作用，发挥洪水削减、水沙拦蓄、水质净化和补给地下水等功能。在流域尺度上，湿地生态系统以水循环为纽带，通过影响流域蒸散发、入渗、地表径流、地下径流和河道径流等方式[108]，改善流域的水生态环境。修复小清河流域支流的水生态通道，白云湖与小清河的通道已经裁弯取直，通道两侧没有足够宽度的过渡带和缓冲区，修复白云湖与小清河支流的近自然状态，恢复蜿蜒曲折的流路，强化生态水网的纽带功能，形成具有韧性的基础性支持功能的生态服务设施。

### 2. 用生态技术改善基础设施的生态功能

流域的湖泊紧邻村庄，外围缓冲带较窄或无缓冲带，如白云湖，紧邻村庄，外侧多农田和养殖开发，农村面源污染依然存在，水体富营养化。应在各支流河

流的入河口处建设人工湿地，沿每条河流建缓冲带，发挥河流湿地和缓冲带对污水的净化功能，减轻径流对湖泊的污染，恢复河流生态系统的生物多样性，维护河流生态健康。用低影响开发技术进行城市建设用地和村庄用地的生态化改造，减少城市和村庄开发建设对流域水生态的影响。对流域污水处理设施进行生态化提升，保障入河湖水质的同时，提升设施的生态功能。

### 3. 完善多功能水生态基础设施生态韧性

小清河干流主要由降雨径流、地下水和城市排水补给，通过 GIS、地形图及现状图分析，识别汇水通道、坑塘洼地、分水岭等水生态敏感区，并结合流域的水生态空间格局构建，预留水系、湖泊等防涝用地空间，将现状坑塘进一步扩建为雨水塘等生态设施，防止源头湿地开始退化、沼泽湿地萎缩、源头水量减少、湿地植被群落结构改变、生物多样性降低。不仅重视对湖泊周围环境和个别点源污染进行治理，而且综合考虑湖泊流域的自然条件和社会经济条件，对整个流域湖泊进行综合规划，科学制定流域内资源开发、生产发展和环境保护的政策，实现流域内人地关系的和谐发展和生态环境的良性发展。

### 4. 区域可持续发展的韧性保障

小清河历史挖掘的选址为小清河成为区域水生态基础设施创造了地理生态条件。宋代开挖小清河，选址在区域河流下游，成为区域重要的防洪与航运通道，在近代城市建设和乡村发展中，小清河主要发挥了宣泄和供水的功能。

现代小清河恢复航运，成为区域多功能基础设施，承载了流域内济南、淄博、滨州、东营、潍坊 5 市、12 个县（市、区）的快速的城市化进程，流域经济社会发展带来的环境压力明显增加。

在区域层面研究小清河区域基础设施的生态功能，改变以城市行政边界为范围，河湖规划修复。以小清河流域为研究边界，修复强化小清河流域河流的连通性，增强生态韧性，用生态技术强化基础设施的水生态功能，使小清河不仅是区域交通水利基础设施，还成为重要的生态多功能基础设施，为区域的可持续发展提供韧性保障。

## 1.3　流域水生态规划导向下徒骇河流域网络式空间重构

区域规划已经成为推动地区间协调发展的策略，流域可以整合水生态与区域发展，成为面向绿色发展的区域规划单元，以流域为规划范围的区域规划成为增强区域绿色低碳高质量发展的战略选择。山东作为黄河流域高质量发展的重要省区，以徒骇河流域范围为规划单元，利用河谷区域规划推动区域发展应成为落实中央规划纲要的重要举措。借鉴国际上重要成功案例——埃姆歇河流域规划，本节提出编制徒骇河流域区域规划的构想与构建网络式空间结构的区域规划框架。

1923 年美国成立区域规划协会，1929 年颁布纽约及其周边地区区域规划，这是全球首个区域长远规划[109]；1965 年德国颁布《区域规划法》，20 世纪末泛欧洲层面以及地方层面都出现各种尺度的战略空间规划复兴，这种复兴亦被称为规划的空间转向[110]。区域规划落实国土中长期发展目标和发展战略，从政府层面处理土地利用和自然环境发展的关系，协调交通、农业和环境等的发展政策。区域规划可以在区域范围内优化人类活动、改善生活条件、重新配置物质基础过程，对区域的生产、生活和生态等各种人类活动进行综合安排[111]。

京津冀协同发展、长三角区域一体化和粤港澳大湾区等区域战略的出台，是国家–区域的战略性选择，也是使用再尺度化的策略，以短期内激发和快速释放蕴藏在尺度调整过程中的活力[112]，这种管治效力的渗透和重组，是我国区域发展的特点[113]。伴随着区域战略的实施，2023 年 2 月，《长三角生态绿色一体化发展示范区国土空间总体规划（2021—2035 年)》正式获批，成为国内首个省级行政主体共同编制的跨省域国土空间的区域规划，将产业、生态、土地、交通等实质性内容纳入法定规划体系。

2021 年 10 月，中共中央 国务院印发《黄河流域生态保护与高质量发展规划纲要》，优化调整流域经济和生产力布局，增强流域发展动力。黄河流域山东段位于黄河下游，自菏泽市东明县流入山东境内，经菏泽、济宁、泰安、聊城、德州、济南、淄博、滨州、东营 9 市的 25 个县（市、区)，在东营市垦利区注入渤海。山东境内河道全长 628km，占黄河总长度的 12%[114,115]。

落实国家重大战略，实施开展区域规划，形成了黄河流域山东段区域治理一整套、多层级、多元参与区域规划体系，打破行政界线，形成跨区域合作走廊，应对不断出现的新问题，解决地理条件和生态环境等制约，实现流域高质量发展。

## 1.3.1　构建流域为单元的区域规划

1933 年的《田纳西河流域管理局法案》确立了田纳西河流域管理局对田纳

西河谷水域和公共土地的管理责任，并开始对田纳西河流域进行综合性开发利用[116]，形成沿田纳西河工业农业走廊和城镇体系。1937 年芒福德在《太平洋西北地区规划建议》，基于田纳西河流管理局的成功经验，考虑哥伦比亚河谷的特殊地理环境，提出以自然地理单元作为规划单元的设想，将哥伦比亚河谷地区看作一个整体规划单元。Vannote 等 1980 年提出河流连续体理论，该理论将水生态空间看作一个连续的整体系统，强调河流生态系统的整体性[117]，河流是物理标量纵向连续变化以及生物群落相适应的整体。Minshall 进一步完善 Vannote 理论，认为该理论是一般性的规律，结合具体地区特点，对河流连续体理论进行修正，修正的要素为气候、地貌、支流汇入和人为干扰[118]。这也是第一次从流域的尺度上，考虑土地利用的背景条件下的河流结构与功能，这为土地利用规划应遵从河流流域的整体功能提供了理论依据。

19 世纪末埃姆歇河协会（EMGE）成立，开始了埃姆歇河流域区域规划的治理实践，成为流域为单元的区域规划治理典范，埃姆歇河流域面积 865km²，包含 22 个城市，总人口 220 万[119]。流域为区域规划单元的实践日趋多元，2012 年伦敦奥运会的下利河谷流域的区域总体规划，范围约 1500hm²，实现区域积极、长期和可持续的愿景[120]。2011 年马来西亚政府的"生命之河"计划，对巴生河流域，总面积 781hm²、水体面积 63hm² 进行了区域总体规划[121]。以流域为规划单元的总体规划成为整合流域水生态与区域发展的策略。

## 1.3.2　以徒骇河流域为规划单元构建区域规划

山东位于黄河下游，长期处于强烈的淤积抬升状态，河床平均每年抬高 0.05～0.10m，现行的河床一般高出堤外两岸地面 4～6m，形成"地上悬河"，除大汶河由东平湖汇入外，无较大支流汇入[122]。黄河流域山东段没有形成汇水区，山东区域范围的河流绝大部分发源于山东境内[123]，黄河流域涉及河流汇水区主要有三个，分别是大汶河流域、徒骇河流域和小清河流域，因此选择徒骇河流域作为规划单元，进行黄河流域山东段区域规划[124]。

徒骇河干流起源于河南省南乐县，于莘县文明寨入山东省，从西南向北呈窄长带状，流经聊城、德州、济南、滨州 16 个县（市），干流（山东境）407km、流域面积 13296km²，在滨州市境内与秦口河汇流后入海，具有防洪、除涝、灌溉等功能，流域经济社会发展影响深远[125]。对比田纳西河流域面积 10.6 万 km²[116] 和埃姆歇河流域面积 865km²[119]，开展流域范围的区域规划可以改善黄河流域山东段生态环境,形成黄河流域山东段生态屏障,提升发展质量。

### 1.3.3　徒骇河流域空间结构与问题

　　徒骇河流域是重要粮食生产空间,农业用地面积占流域面积的 80% 以上,如表 1.4 所示,是山东省重要的粮食生产和消费的"农业流域"[126,127]。农业土地和水资源的开发支撑了养殖业与农产品精深加工的空间布局,形成了流域固有的农业产业结构、农业技术、产业体系、工业布局及农业基础设施的锁定效应[128],使流域内的农业污染排放量长期呈增长趋势,产业低碳转型面临困境,是山东省黄河流域产业创新发展的关键空间。

#### 表 1.4　土地利用情况变化

| | 2000 年 | | | | 2020 年 | | |
| --- | --- | --- | --- | --- | --- | --- | --- |
| | 分类 | 面积/km² | 占比/% | | 分类 | 面积/km² | 占比/% |
| 1 | 耕地 | 19307.472 | 87.89 | 1 | 耕地 | 18280.283 | 83.21 |
| 2 | 林地 | 0.3879 | 0.002 | 2 | 林地 | 0.2061 | 0 |
| 3 | 草地 | 8.3601 | 0.038 | 3 | 草地 | 10.0854 | 0.05 |
| 4 | 水体 | 1436.6358 | 6.54 | 4 | 水体 | 1567.7937 | 7.14 |
| 5 | 建设用地 | 1212.264 | 5.52 | 5 | 建设用地 | 2104.9578 | 9.58 |
| 6 | 未利用地 | 1.8099 | 0.01 | 6 | 未利用地 | 3.6036 | 0.02 |

注:利用地理信息系统提取的数据。

　　区域内农业长期主导经济社会发展[129,130],形成了一种特定的价值观,创新资源和结构政策调整受到认知性锁定,潜意识地主动放弃和排斥改变,表现为创新意识不足。农业百年发展,农业企业与地方政府间形成复杂紧密的利益共同体,在转型过程中,利益共同体会阻碍生产要素和资源配置向新兴产业流动,致使政府资金和补贴持续供给传统工业[131,132],新兴产业得到政府扶持的创新动力不足。沿徒骇河流域仅有本科高等院校 4 所、专科 3 所[133],高等院校和研究机构布局不均衡,核心技术人才缺乏,支撑转型和技术创新的教育和研发资源不足。

　　河流水系呈干流型结构,河网连通性不足,排水效率高,缺少环回度,河道分布密度低。河道现状仍然存在无法连通、护岸渠化(硬质化)、河道生态空间不足、水质不佳、生态性较差。

　　环境基础设施完善度不高,水质不能稳定达标。河流水系流域的城市污水收集管网不完善、雨污分流不彻底，河流水质国控、省控断面水质稳定性差、持续达标难[134]。支流聊城段 2022 年全年共超过地表水 V 类标准 37 项次，干支流水质在雨季后综合污染指数均急剧升高，水质受降雨因素影响明显[135]。水利设施病险、防洪隐患长期存在，如表 1.5 所示。

表 1.5　徒骇河水利设施防洪隐患

| 堤防 | 拦河闸 | 跨河桥梁 | 穿堤涵闸 |
| --- | --- | --- | --- |
| 徒骇河在聊城莘县文明寨—大清闸 30km 无堤防，交通困难，不利于防汛抢险。沾化城区堤防薄弱，部分堤顶高程不满足设计标准 | 徒骇河聊城市马集闸、滑营闸、杨庄闸、陶桥闸等 4 座拦河闸年久失修、病险严重 | 徒骇河共有 163 座跨河桥梁，部分桥底高程不满足设计洪水位要求，影响行洪 | 徒骇河 123 座病险穿堤涵闸，缺少闸门或启闭设备，易发生漏水、倒灌，影响汛期行洪安全 |

徒骇河赵王河、周公河、西新河、苇河、赵牛新河、沙河及秦口河等多个支流无控制性建筑物，徒骇河内涝易发区为德州市的大黄洼、滨州市廿里堡闸前左岸、沾化城区下游地势较低地区等[136]。干支流缺少自然径流，尤其是枯水期，水量较少甚至断流，导致河流自净能力严重不足，河流水质出现恶化[135]。

农业农村污染源未得到有效控制，污染日益凸显。大部分村建了污水处理设施，污水收集管网不配套、运行机制不完善，已建成的污水处理设施部分处于停运状态，生活污水直排[126,137]。徒骇河流域除大型养殖企业污染防治设施较为完善外[138]，中小型养殖场（小区）或养殖专业户的污染防治设施较为简陋或工艺落后，甚至未采取防治措施。除生猪养殖外，其余畜禽养殖在汛期随径流进入河道，影响河流水质[139]。

徒骇河流域空间规划按照行政区进行了聊城、德州、济南、滨州 16 个县（市）各自的空间规划，导致流域的上下游分制，左右岸不协调，不利于水资源的可持续利用、生态多样性和区域技术创新。

## 1.3.4　成立流域机构协调跨区域利益

我国《环境保护法》第六条规定："地方各级人民政府应当对本行政区域的环境质量负责。"各行政辖区地方政府只对本辖区内的生态环境问题负责，属地管理原则造成环境治理碎片化困境。成立区域管理机构才能打破地域壁垒，解决边缘区的环境污染更加严重的问题，防止"公地悲剧"[140]。Joseph Stiglitz 提出非分散化定律，认为交易费用会导致低效率，造成"搭便车"现象，提出推动区域生态治理一体化，不仅系统整合资源的上下游，而且需要有权威的执行机构来解决区域生态碎片化与部门化的问题[141]。例如，美国田纳西河流域管理局[8]和德国埃姆歇河协会（EMGE），是承担区域规划的创新型的组织机构，打破已有的固化的管控空间范围，对区域系统施加控制，使其结构和功能向有利于实现区域战略目标的方向演化。区域规划对接落实国家、省相关发展规划，提供高标准空间基础支撑和资源要素保障，统筹空间布局和行动协同。

## 1.3.5　构建网络式空间结构的区域规划框架

信息、科技、生态环境和体制创新等成为影响我国区域发展的新因素，网络式空间结构是区域经济和社会活动进行空间分布与组合的框架[142,143]，依托该空间结构可以将区域中分散的资源、要素、企业以及经济部门等组成一个具有不同层次、功能各异、分工合作的区域系统。通过形成的网络结构辐射和扩散效应带动整个区域的发展，形成合理、优化的区域空间结构。

Bennett 和 Wit 认为自然半自然景观单元形成生态网是保护和修复生态功能，维持生态多样性的有效措施[144,145]。水生态网络系统可以增加河道的复杂性、自然泛洪区面积、非建筑用地调蓄洪水的能力。埃姆歇河流域工业区的重建和可持续发展[146]，基于流域综合区域规划[147]，从源头到莱茵河的河口，对埃姆歇河流域进行生态空间优化，在流域 320km² 内建设生态走廊，并将走廊进一步拓展，形成"蓝绿生态网络"，如图 1.2 所示。1994 年，博拉科斯基与城市环境学家麦克·胡克联名发表了《对区域系统和自然环境的建议》，提出了大都市绿色空间的动议[148]。绿色空间项目的第一个成果是将区域内星罗棋布的自然空间串联，区域内形成一个自然空间体系[149]。

许多学者尝试过自然系统与人文系统的类比分析[150]，Woldenberg 和 Berry 合作对河流和中心地的相似性进行了类比分析，认为二者具有很强的相似性[151]。国内学者陈彦光和刘继生提出了人文地理系统与自然地理系统的对称性[152]。在区域空间结构的研究结论，都趋同于空间网络结构是推动区域创新和高质量发展的结构，这样的空间结构也耦合流域水生态网络结构的要求，为此提出构建网络式空间结构的区域规划框架。人文系统的创生与演化以自然地理系统的形态和结构为楷模[152]，自然地理空间具有决定性作用，优先构建流域水生态网络结构空

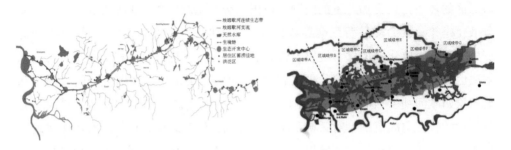

图 1.2　埃姆歇河流域生态水网与区域景观规划[146,147]

间，在此基础上布局经济社会空间。

### 1.3.6　流域水生态规划导向下的空间布局

　　徒骇河流域国土空间规划既要为《黄河流域生态保护与高质量发展规划纲要》落地实施提供空间保障，更要作为区域空间行动的顶层设计，指导地区共同开展各类国土空间开发和保护行动，为各类专项规划和行动方案的空间布局提供规划依据。

　　面向流域水资源回收的设施布局。在行政区域内依靠重力流收集污水，导致污水处理厂设在各河系下游，传统布局不利于污水资源化[153]。埃姆歇协会在流域建设运营 4 座生活污水处理厂，26 座工业废水处理厂和 397 座雨洪设施，保障了流域的水量水质[146]。在徒骇河流域，应以流域为规划单元，依据《海绵城市专项规划编制暂行规定》，编制流域范围的污水与雨水资源化专项规划[154]，实现水资源的综合利用。

　　面向生态的绿色区域空间布局。在自然状态下，河流系统就是最重要的生态廊道，是多时空范围中地面景观演变的主要驱动力[155]。在人类主导的景观中，交通网络，如公路和铁路、船运航线和空运航线都是人类社会和现代景观的主要网络[156]。廊道网络的主要功能就是强化水平流动和跨景观的连接[157]。规划流域生态走廊，形成水生态网络布局。

　　徒骇河流域是山东省黄河流域的重要区域，该区域目前是按照行政区进行空间规划，形成的空间布局不利于区域的创新发展、水资源综合利用和生态保护。利用再尺度化的策略，以徒骇河流域为规划单元，构建区域规划体系，形成跨区域合作走廊。利用网络结构的辐射和扩散效应带动整个区域的发展，形成创新发展的动力；利用网络式水生态空间布局，有效解决资源的高效利用，增强流域的水生态韧性。发挥自然地理空间的决定性作用,优先构建流域水生态网络结构空间,在此基础上布局经济社会空间,实现流域上的水生态与经济社会发展耦合互促。

## 1.4　大汶河流域水生态系统健康策略研究

流域是一个相对独立完整的地理单元,有明确的水文边界,是实施水生态可持续管理有效区域。人类为了满足自身发展需求,分流河流、建水库修塘坝,干扰自然水文过程,人类活动强度正以超过以往任何历史时期的速率增大[158],对河湖及流域水循环的影响程度甚至已与自然因素的影响程度相当。人类活动对区域气候干旱有显著的放大作用,气候变化加剧,降雨年内季节性分化,加剧汛期洪水和枯水期干旱风险[159]。气候变化和人类活动加剧流域水资源时空分布差异,诱发频繁的流域洪水和干旱问题,影响流域水生态系统健康和区域经济社会可持续发展。

洪涝灾害是主要自然灾害之一,几乎占据全球自然灾害相关损失的30%[160]。气候变化,极端天气频繁,流域水文循环变化剧烈,城市内涝频发,洪涝灾害问题日益严重。技术主导、单一学科引领的防洪工程措施,形成了深度依赖防洪工程减轻洪涝灾害固化范式,致使城市防洪标准从 20 年一遇、100 年一遇甚至提高到 200 年一遇的未来值。然而这些简单工程技术措施将损害流域生态系统,增加长期洪水风险[161]。筑堤防洪是防洪的主要工程措施,堤坝阻断了天然洪泛作用带来的营养补给和水分补给,打破了区域水文循环平衡,导致了生态环境退化。单一采用工程防洪措施使财政投入增大,在复杂的适应性系统之中,提升系统对单一扰动的抵御能力往往增强了其面临其他扰动的脆弱性[162,163]。

减少人类干扰,形成基于自然的解决方案。欧盟委员会将其定义为“来源于自然并依托于自然的解决方案,旨在以资源高效和适应性强的方式解决各种社会挑战,同时提供经济、社会和环境效益”[164]。基于自然解决方案,采取自然恢复为主、辅以人工修复,尽可能减少人为干扰的修复模式。开展全流域水生态系统现状评估,面向生态系统进行水文过程调控。降低人类修建水库,取水与防洪工程对流域泛洪区生态多样性的破坏;发挥泛洪区对湿地形成发展、物种生存繁衍及区域景观功能的维系作用[165],控制主要因素协调泛洪区作用,维持适度的洪泛强度,控制洪泛区发展演化。

开展流域尺度的水生态过程系统修复。水生态修复通常是机械地对森林、耕地、草地、水体等要素的单一目标局部修复，忽略生态要素关联、多尺度整合与生态过程完整性的实践。急需引入流域尺度的水生态系统性修复，形成流域多层次水生态可持续管理框架，保持生态功能和河流洪泛区生态多样性[166]。运用生态系统的自组织能力，适应而不是抵抗扰动，从防御型流域向韧性生态流域模式的转变，管理模式从"安全抵御洪水"向与雨洪资源"和谐共生"转变。

综合运用"生态系统方法"，将流域人类活动作为生态系统的一部分，基于"自然的解决方案"（nature-based solution），利用自然系统的自组织力原则，针对大汶河流域水生态问题现状，提出了优化流域水系结构，通过有目的地对生态系统进行设计，恢复河流的连通性和弯曲度；修复水源地和岸滩植被，利用植被调控水文过程与生态基流，创造一个功能良好、人类干预下的水生态系统，实现对流域水生态系统综合修复，恢复流域水生态健康。

### 1.4.1　大汶河流域水生态环境现状

大汶河流域是典型湖泊流域，由黄河下游山东内最大的支流大汶河与山东省第二大淡水湖东平湖构成。大汶河在上游地区分为南北两条支流，南边支流柴汶河，流域面积为 1944km²，发源于莱芜市，在大汶口处汇入大汶河，全长约为 116km，沿途有平阴河、光明河、羊流河、属村河汇入。北边支流牟汶河，流域面积 3711km²，主要由瀛汶河、石汶河和泮汶河三条支流组成，在戴村坝汇入大汶河。大汶河由东平湖清河门、陈山口出湖闸入黄河，全长 231km，流域面积 8944km²。东平湖是山东省第二大淡水湖，总面积 117.94km²，占东平县总面积的 8.8%[167]。

### 1.4.2　流域水文过程的人工干预与水资源利用

明永乐九年（1411 年），在大汶河下游修建"戴村坝"，开挖近 90km 建小汶河，使汶河水南注，为京杭大运河补水。戴村坝使大汶河从一条天然的河流，演变成为水利航运设施、京杭大运河航运系统的枢纽，推动了明清两朝 600 年经济发展和南北文化交融，如图 1.3 所示。大汶河水环境适应性营建及改善，始于唐代，明代依据自然地势，适地理水，对小汶河、南旺湖、安山湖和蜀山湖自然水网进行改造，管控区域河网与降水，补充运河水量满足漕运需求，同时控制自然水域的范围，解决水患问题。

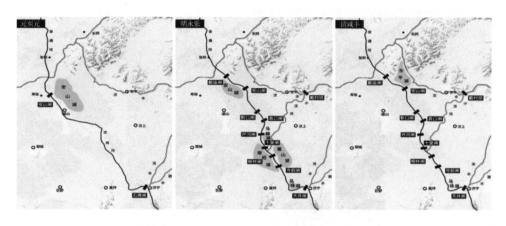

图 1.3　大汶河流域东平湖成湖过程

1855 年，黄河北迁夺大清河入海，大汶河为黄河支流，黄河洪水和大汶河洪水在东平地区汇集，演变形成东平湖，调蓄黄河洪峰，成为自然滞洪区[168]。东平湖的形成是历代政府对于客观生存环境的主动适应与有效改善，是水资源的适应性利用的典范。表 1.6 为流域人工干预水文工程的建设年代与功能。

表 1.6　大汶河流域主要水文干预工程

| 年代工程 | 功能 | 参考文献 |
|---|---|---|
| 1958 年修建围坝建东平湖水库 | 河水湖区北的清河门、陈山口两出湖闸流出湖进入黄河 | [10, 11] |
| 1959 年建雪野水库 | 大汶河支流赢汶河上游，总库容 2.21 亿 $m^3$，用于灌溉防洪，导致大汶河流入东平湖的径流量明显减少 | [169, 170] |
| 1963 年东平湖二级湖堤修复 | 东平湖改为单一滞洪人工管控水库，主要作用是消减黄河洪峰，调蓄黄河、汶河洪水 | [13, 15] |
| 2013 年南水北调运行 | 东平湖是南水北调东线工程的重要调蓄点 | |
| 至 2023 年，机井 2747 眼、大中型水库 23 座、塘坝 69 座、扬水站 11 座 | 流域主要河段防洪能力达到 20 年一遇，人类活动的影响下产流能力减弱，大汶河径流出现明显的下降趋势 | [13, 15] |

经年修坝建闸，东平湖成为典型的人工调蓄"河-湖-库"系统，如图 1.4 所示，承接黄河分洪和大汶河来水，为"南水北调"东线工程调蓄，承担山东地区西水东送的重要任务，湖区主要通过大气降水和地表径流得到补给水源，湖区汇集了周边流域的表层和地下水，面积可达 9064.0km²，补给系数可达 61.2，

东平湖成为黄河和淮河的交叉点和分水岭。

图 1.4　戴村坝现状

### 1.4.3　影响大汶河流域水生态系统健康的主要因素

近百年来大汶河流域最大变化是修建蓄水工程，建成大中型水库 23 座，水库的主要功能为供水、水力发电、河流调节和防洪，水库运行是最具有代表性的影响水循环的人类活动之一[171]，水库运行过程增加了径流的不确定性[172]，通过蓄水和泄水使区域内的河流径流量重分配[173]，大型水坝、管道、人工水库等要素直接影响流域生态水文循环过程[174]，对水生态系统造成时空破坏[175]。依据大汶河流域内 26 个雨量站点和戴村坝水文站 1956～2016 年逐年天然径流量和实测径流量数据，流域内降水量、天然径流量、实测径流量均呈下降趋势，实测径流量的减少量远大于天然径流量的减少量[176]，主河道上修建的多个堤坝工程对径流的影响较大[177]，人类活动对流域径流量的影响较大。

1980～2018 年大汶河流域耕地被其他用地类型挤占，农村向城镇迁移，其他建设用地逐渐增加，第一产业用地逐渐转为第二、第三产业用地，大汶河流域进行着城镇化[177]。城市化是土地利用变化的主要形式之一，改变土地利用/植被覆盖（LUCC）等持续性特征，增加不透水面积，减少植被面积，改变水的消耗性使用以及减少入渗时间[178]，影响径流产生、汇流路径、蒸散发，对流域水生态产生重大的影响。

### 1.4.4　流域城市水环境主要问题

自然条件下，河流水系形态是水自然动力与地形地貌之间相互作用的结果[179]，遵循自然发育规律。自然状态下，大汶河流域为树枝状结构，符合水系结构 Horton 定律[180]。然而，受城市化影响，城市空间组织形式使城市河道发生了从河流资源向土地资源的变化，阻断了水系发育演变进程[181]，河网的水系结构与连通水平发生剧烈变化，破坏了自然河流水系的有机形态。大汶河流域主要城市，泰安市城区以 5 ~ 8km²/a 速度扩张，城市局部性暴雨频次增高，1985 ~ 2016 年，全市共发生较大水灾 14 次，其中，较为严重的 5 次[182]。泰安市城市排水（雨水）防涝综合规划（2016 ~ 2030），河道防洪标准均已经提高至 50 年一遇，流域水循环过程由天然水循环向天然–人工二元水循环转变[183]。出现全流域径流减少与建成区洪涝灾害频发的现象，表明自然状态的水文过程已经失衡。

如图 1.5 所示为泰安市河道水环境水质现状与岸线现状图。1987 年开始填埋支流，截弯取直，修建拦河坝、硬化河道，按照 30 年一遇防洪标准修建岸堤。奈河水系的长度和河流宽度减少，河道用地萎缩，河道岸墙全部硬化，河流生态岸线消失，河槽形态改变，河流水质恶化，水系生态环境健康下降。截至 2022 年 9 月，泰安市 53 个河道水质监测断面，优良水体（Ⅰ ~ Ⅲ类）35 个，占 66%[184]。拦河坝使河流的流速、水深等水力学特征发生变化，改变了水系的连续性和河流的自然连通状态，水体自净能力以及水环境容量减弱。

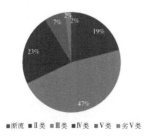

■断流　■Ⅱ类　■Ⅲ类　■Ⅳ类　■Ⅴ类　■劣Ⅴ类

图 1.5　泰安市河道水环境水质现状与岸线现状图

### 1.4.5　修复大汶河流域水生态系统健康策略

运用"生态系统方法",生态系统方法不是一种具体的计算方法,而是一种跨学科的综合性思维方式[185]。生态系统方法中,人类作为生态系统的一部分,通过有目的地对生态系统进行设计,创造一个功能良好、人类干预下的水生态系统。基于"自然的解决方案"(nature-based solution)利用自然系统的自组织力,以平衡自然系统的方式管理自然系统;对于水生态系统就是将流域设想成一个能促进与组织其各项环境条件之间动态关系的、有生命力的土地[186],对流域水生态系统要素、成分、秩序、生态位与水系进行综合修复。

1. 优化流域河水系结构,恢复河流的连通性和弯曲度

分析大汶河流域水系结构,依据自然水系的分形特征,水系分维的平均值在1.7左右[187],优化城市水体的空间布局,恢复水系的长度和河流宽度,为水生物提供更多的栖息地;对于指定河段,拆除硬质堤岸,进行生态化修建;对水文连通重点主河道上堤坝工程进行改建设计(图1.6),增强不同水体之间的水力联系,促进物质能量的输送转移,促进水生态系统的形成、发展、演替、稳定以及生物和营养物质的交换[188,189],增强水体的调蓄功能、抵御洪涝灾害风险的能力;按照50年一遇,划定改建堤坝后泛洪区范围,利用河流的弯曲的"动能自补偿"作用,按照水流的能量大小、流量、比降等特征值,计算河流的弯曲系数[190]。在河流的自然修复中,恢复河流弯曲度(图1.6)。

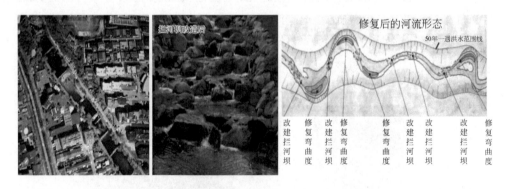

图1.6　泰安市奈河上游拦河坝现状、恢复河流连通性与弯曲度示意

### 2. 利用植被调控水文过程与生态基流

植被可以通过径流的调控、截留过程、下渗过程等影响流域的水文过程，植被变化可显著改变地表水分平衡的重要组成部分——蒸散发量，进而影响水文过程，具体如表 1.7 所示。

**表 1.7　植被对水文过程的影响**

| 功能 | 植被与水文过程 |
| --- | --- |
| 植被类型 | 天然林地表覆盖度高，对地表的扰动较小，对径流的调控性强，阔叶林对径流调蓄能力最强，灌木林最弱，混合植被与灌草植被均可有效延迟径流开始时间，减缓径流流速。 |
| | 草本植被可增加水力粗糙度减缓流速，控制径流和土壤侵蚀，增加降雨和水分入渗的初始损失，滞留泥沙，改变径流和下渗过程，增强草地植被的水分利用效率。 |
| | 人工林地和农田受施肥、除草及收割等人为因素影响，地表扰动大、暴露时间长，对径流的调控能力较差 |
| 植被覆盖度 | 植被覆盖程度提升，土壤侵蚀速率指数衰减，植被对水分的利用及调控逐渐增强 |
| 蒸散发 | 植被退化会导致蒸散发耗水量减少；植被覆盖增加，地面径流量下降，蒸散发量上升 |

2020 年，水利部印发《第一批重点河湖生态流量保障目标（试行）》，要求生态基流保证率原则上应不小于 90%[191]。模拟大汶河流域蒸散发时空变化，量化了植被、降水和径流过程关系，给出植被覆盖度和降水变化对径流过程的影响，确定流域植被对径流开始影响的时间，径流流速减缓影响，科学调整植被覆盖面积，控制河道洪水峰值，保证河道基流。在流域植被优化中，水源地和河流岸线泛洪区线型空间是重点调控区域。

（1）优化流域水源地植被

合理规划水源地植被生态系统，增强水源涵养功能。水源涵养功能主要指森林对河水流量增减的影响作用，在特定时空尺度上森林生态系统通过植被层、枯落物层和土壤层等实现对降水的截留、蓄持和时空调配，并衍生出调节气候、侵蚀及水质等的综合作用表征[192]。大汶河流域水库塘坝水源地众多，应合理规划水源地植被，增强流域自然调控能力。

（2）科学规划泛洪区湿地生态系统

合理规划河流洪泛区空间、建设生态廊道以恢复河流自然的水文形态。在模拟如图 1.7 所示的河流洪泛区内拓宽河道，规划湿地，强化水生态功能；泛洪区湿地为狭长的湿地生态斑块，边缘长，如果可以分割成若干的分支斑块，可以形成较强内部基因差异，在不同的分支斑块存在不同的基因，形成独立的群落，两个分支斑块中间邻近的斑块的植被优势种形成的速度快。斑块由复杂边缘和多个分支斑块构成，这个斑块与邻近斑块之间的物质和生物交流会增加，斑块多样性形成速度快；沿河流流向，设计狭长的湿地斑块，湿地将沿着河流方向迅速蔓延，蔓延进一步强化边缘的复杂性，增强生物的多样性[193]。

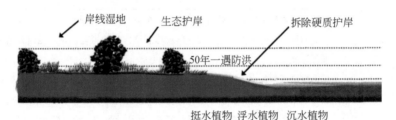

图 1.7　生态护岸与泛洪区人工湿地

### 3. 利用多功能绿色基础设施改进城市水生态环境

城市绿色基础设施是自然和人类社会绿色生命支持系统，保护生物多样性，提升生态系统服务和创造高质量人居环境。城市市政基础设施的绿色化，对流域内建成区市政基础设施进行生态化改造，将排洪减涝、雨洪利用与城市的景观有机融合，赋予常规基础设施生态功能；将雨洪管理与利用和城市建设合理结合，实现雨洪资源就地回用，既有效利用了雨水资源，减轻污水处理厂的压力，也缓解了城市水涝的发生。对城市内中小型水体及小区景观水体进行有效保护，较大规模的水体进行水生态功能改造，实现自然收集、自然渗透、自然净化的功能。利用河道泛洪区湿地系统建设，扩大滨河森林湿地、建设可持续排水系统，为周边建筑防洪标准达到 50 年一遇创造条件；加强景观功能间的协同效应、提升景观单元的多种功能性，在保护生态环境的同时支撑社会可持续发展。

### 4. 形成基于自然动力的水生态系统管理

水生态系统是开放系统，从太阳获取高质量的能量，反馈形成组织行为，保持系统的结构与功能，这种机制就是自组织。利用水生态系统自组织功能进行流域雨洪管理成为趋势，1996 年，荷兰数千年的雨洪管理发生了历史性的转变，提出了给河流空间战略,形成了三种价值平衡的理念,水力有效-保护土地免受洪涝,生态稳健-构建几乎不需要维护的自然过程,提升现有景观的文化内涵和美感[194],按照自然节律调节洪水,而不是使用暴力[195]的技术措施。

实施流域自然导向下的雨洪管理,调节流域洪水节律,恢复河漫滩湿地。通过适度的水位波动促进湿地种子的萌发和幼苗建植,水位波动期间,暂时的洪水会使种子在河岸上梯度分布,水位下降时,在空间和时间上创造各种土壤水分条件,以满足多物种的发芽要求[196],水位波动管理可以用于促进湖滨带或河岸带植被的自然恢复[197]。利用现代水利设施和调控技术,科学调控大汶河流域水库塘坝,模拟形成满足流域河滨带湿地植被生态的水文过程。

### 1.4.6　形成流域水生态新文明形态

东平湖是大汶河下泄、遇到黄河受阻形成的盆地汇集成湖,是历史变化叠加长时段自然环境基础的社会表现,呈现了不同历史时期的文明形态。明朝修建戴村坝拦截汶水,使其南流,通过设计三合土坝、窦公堤与南端主坝这三段高低不同、长短不一的坝段,实现"水盛,则浸入清河,以疏其溢;水落,则尽挟入南,以济其涸"[198],保证小汶河引水流量的蓄泄,调控运河水量,是水自然驱动的水动力利用的农业文明形态;近现代,技术与材料推动了人工设施建设,大兴水利工程,是水资源利用的工业文明形态;20 世纪 90 年代来源于自然并依托于自然的解决方案,是生态文明时代的开端,是雨洪管理的生态文明形态。

不同时代水文明形态形成带动了地域社会繁盛。明朝修建戴村坝,大汶河成为南望闸关键枢纽水源,推动东平湖区域成为中国经济地理上核心区域和南北文化的过渡地带,促进区域 600 多年繁荣;面对未来气候异常和局部区域的趋势性干旱,流域内人类的耗水与全球气候变暖的影响程度是同一个数量级,甚至超过气候异常的影响,在大汶河流域探索以自然系统的自组织力恢复流域水生态健康,具有重要的时代价值。

### 1.4.7　大汶河流域水生态健康策略

大汶河流域是黄河流域山东段的重要流域,大汶河流域的东平湖是南水北调和黄河入海前的最后一个大型湖泊,科学分析大汶河流域存在水生态健康的潜在风险,修复流域的水生态健康是黄河流域生态保护的关键。

大汶河流域现状分析显示,大规模的人工设施、水库、塘坝建设改变了流域汇水分区,东平湖成为黄河和淮河的交叉点和分水岭。持续的城镇化进程,改变了流域土地利用/植被覆盖,流域实测径流量持续减少;大汶河流域主要城市泰安市城区快速扩张,城市局部性暴雨频次增高,流域水循环过程由天然水循环向天然–人工二元水循环转变,河网的水系结构与连通水平发生剧烈变化,破坏了自然河流水系的有机形态,全流域径流减少与建成区洪涝灾害频发表明自然状态的水文过程已经失衡。

本章提出了优化流域河水系结构,恢复河流的连通性和弯曲度,利用植被改善流域径流过程,形成基于自然过程的水生态修复与管理,建立新的水生态文明形态的策略。

# 参 考 文 献

[1] 胡文瑞. 大河文明谈. 中国石油石化, 2008, 16.

[2] 闵祥鹏, 马屯富. 黄河文明是中华文明的核心和主体. 河南日报, 2014-11-14 第 010 版.

[3] 江林昌. 中国早期文明的起源模式与演进轨迹. 黄河水利月刊, 1934, 1 (7): 122.

[4] 李笔戎. 黄河流域城市发展的历史、现状、问题及对策. 人民黄河, 1991, 4: 8-12.

[5] 水利电力部水管司, 等. 清代黄河流域洪涝档案史料. 北京: 中华书局, 1993.

[6] 孟英廋. 黄河水災與治黄方案. 新绥远. 1934, 20: 5-22.

[7] 畅建霞, 黄强, 田峰巍. 黄河上游梯级电站补偿效益研究. 水力发电学报, 2002 (4): 11-17.

[8] 陆大道, 孙东琪. 黄河流域的综合治理与可持续发展. 地理学报, 2019, 74 (12): 2431-2443.

[9] 连煜, 张建军. 黄河流域纳污和生态流量红线控制. 环境影响评价, 2014, (4): 25-27.

[10] 杜鹏飞, 钱易. 中国古代的城市排水. 自然科学史研究, 1999, (2): 11.

[11] 临淄区齐国故城遗址博物馆. 临淄齐国故城的排水系统. 考古, 1988, (9): 784-787.

[12] 庄华峰, 黄伟. 中国古代排水系统彰显工匠精神决策探索 (上). 2020 (1): 33-38.

[13] 陶克菲, 赵惠芬, 汪彬彬. 我国古代排水、排污设施的变化及发展. 中国环境管理, 2014, 6 (2): 32-35.

[14] 吴庆洲. 唐宋明清京都排水排洪系统的研究. 城市规划, 1988-12-26.

[15] 沈跃, 张泽, 王德荣. 黄河流域城镇生活污水回用农业的潜力和对策. 干旱区资源与环境, 2006, 20 (1): 13-17.

[16] 吴中东. 淄博市污水处理与排放的监测和控制研究. 北京: 中国农业大学, 2004.

[17] 范文漪. 泰安污水处理厂工程简介. 给水排水, 1993, 11: 26-30.

[18] 赵立春. 提高城市污水处理厂传统活性污泥工艺脱氮效果的研究. 济南: 山东大

学，2005.

[19] 山东省环境公报．2003，2013，2022.

[20] 中国社会科学院城市发展与环境研究所．中国城市发展报告（2012）．2012.

[21] 国家统计局．中华人民共和国2022年国民经济和社会发展统计公报．2023-2-28.

[22] 杨佩卿，白媛媛．黄河流域新型城镇化的历史、特征及路径．西安财经大学学报，2023，36（1）：71-84.

[23] 柳江，李志花．黄河流域经济社会与生态环境协调发展．中国沙漠，2023，（06）：1-9.

[24] Liu Jiyuan, Kuang Wenhui, Zhang Zengxiang, et al. Spatiotemporal characteristics, patterns, and causes of land-use changes in China since the late 1980s. Journal of Geographical Sciences, 2014, 24（2）：195-210.

[25] 黄贤金，陈逸，赵雲泰，等．黄河流域国土空间开发格局优化研究——基于国土开发强度视角．地理研究，2021，40（06）：1554-1564.

[26] 沈晓艳，王广洪，黄贤金．1997—2013年中国绿色GDP核算及时空格局研究．自然资源学报，2017，32（10）：1639-1650.

[27] 牟雪洁，张箫，王夏晖，等．黄河流域生态系统变化评估与保护修复策略研究．中国工程科学，2022，24（1）：113-121.

[28] 刘卫，王克军，李敬伟，等．黄河（内蒙古段）流域生态风险评价．环境与发展，2016，8（2）：27-31.

[29] 李梦媛．黄河流域上游区工业污染特征解析与对策．三峡环境与生态，2012，34（5）：48-52.

[30] 张浪，郑思俊．海绵城市理论及其在中国城市的应用意义和途径．现代城市研究，2016，（7）：2-5.

[31] 济南市规划设计研究院．济南市海绵城市专项规划．2016.

[32] Zalewski M, Janauer G A, Jolankai G. Eco-hydrology, a new paradigm for the sustainable use of aquatic resources. Paris：Technical Documents In Hydrology No. 7. UNESCO, 1997.

[33] 夏军．我国水资源管理与水系统科学发展的机遇与挑战．沈阳农业大学学报（社会科学版），2011，13（4）：394-398.

[34] 杨晓茹，姜大川，康立芸，等．构建新时代多规融合的水利规划体系．中国经贸导刊．2019，（11）：59-62.

[35] 张凌格，胡宁科．内陆河流域生态系统服务研究进展．陕西师范大学学报（自然科学版），2022，50（4）：1-12.

[36] WWF（World Wildlife Fund）（2003）．Lessons from WWF's work for integrated river basin management：In：Managing Rivers Wisely. http://www. panda. org/about_wwf/what_we_do/freshwater/our_ solutions/rivers/irbm/index. cfm.

［37］ David Harper, Maciej Zalewski, Nic Pacini. 生态水文学：过程、模型和实例–水资源可持续管理的方法. 北京：中国水利水电出版社，2012.

［38］ 黄河流域生态保护与高质量发展规划纲要. 2021 年 10 月 8 日.

［39］ 张莉. 国土空间规划下的流域生态规划思考. 景观设计学，2019，7（4）：77-87.

［40］ 袁国强，卓信宁. 流域开发规划方法与实践. 成都：成都科技大学出版社，1992.

［41］ Gruehn D. Regional planning and projects in the Ruhr region（Germany）. Sustainable Landscape Planning in Selected Urban Regions，2017：215-225.

［42］ 王尚义，李玉轩，马义娟. 地理学发展视角下的历史流域研究. 地理研究，2015，34（1）：27-38.

［43］ 乔治·埃尔顿·梅奥. 工业文明的社会问题. 北京：机械工业出版社，2016.

［44］ 韩民青. 新工业化：一种新文明和一种新发展观. 哲学研究，2005，（8）：109-115.

［45］ 余谋昌. 生态文明论. 北京：中央编译出版社，2010.

［46］ Mackaye B. Regional planning and ecology. Ecology Monographs，1940，10（3）：349-353.

［47］ Johnson D A. Regional Planning, History of// Wright J D. International Encyclopedia of the Social and Behavioral Sciences（Second Edition）. Oxford：Elsevier Science Ltd，2015：141-145.

［48］ 赵斌. 流域是生态学研究的最佳自然分割单元. 科技导报，2014，32（1）：12.

［49］ 张廷龙，孙睿，胡波，等. 改进 Biome-BGC 模型模拟哈佛森林地区水、碳通量. 生态学杂志，2011，30（9）：2099-2106.

［50］ Toth R. The contribution of landscape planning to environmental protection：an overview of activities in the united states. Paper presented as the international conference on landscape planning. Hanover, Germany. University of Hanover，1990.

［51］ 田松. 海绵城市理论与技术发展沿革及构建途径. 中国资源综合利用，2017，35（4）：116-118.

［52］ 中共中央文献研究室. 建国以来重要文献选编. 北京：中央文献出版社，1995.

［53］ 杨开忠. 新中国 70 年城市规划理论与方法演进. 管理世界，2019，35（12）：17-27.

［54］ 汪睿，张彧. 以史为鉴——类型形态学视角下的街区尺度演变研究. 现代城市研究，2018，（10）：75-79.

［55］ 陆鼎言. 小流域综合治理开发技术初探. 水土保持通报，1999，（1）：36-40.

［56］ Braud I, Fletcher T D, Andrieu H. Hydrology of peri- urban catchments：processes and modelling. Journal of Hydrology，2013，（485）：1-4.

［57］ Prince George's County. Low impact development hydrologic analysis. Maryland：Department of Environment Resources，1999.

［58］ 吴良镛. 芒福德的学术思想及其对人居环境建设的启示. 城市规划，1996，（1）：35-41.

［59］鲁枢元. 生态文化研究资源库——人类纪的精神典藏. 哈尔滨：哈尔滨出版社，2021.

［60］联合国开发计划署. 人类发展报告. 2011.

［61］Crooks K R, Sanjayan M A. Connectivity conservation. Cambridge：Cambridge University Press, 2006.

［62］Hilty J A, Lidicker W Z, Merenlender A M. Corridor ecology：the science and practice of linking landscapes for biodiversity conservation. Washington D C：Island Press, 2006.

［63］Bennett A F. Linkages in the landscape. The role of corridors and connectivity in wildlife conservation. Conserving Forest Ecosystem Series No. 1, IUCN Forest Conservation Programme, 2003.

［64］Mastrangelo M E, Weyland F, Villarino S H, et al. Concepts and methods for landscape multifunctionality and a unifying framework based on ecosystem services. Lands Ecol, 2014, 29：345-358.

［65］Beller E E, Spotswood E N, Robinson A H, et al. Building ecological resilience in highly modified landscapes. Bioscience, 2019, 69：80-92.

［66］周艳妮，尹海伟. 国外绿色基础设施规划的理论与实践. 城市发展研究，2010. DOI：10. 369611j. issn. 1006-3862. 2010. 08. 014.

［67］金凤君. 基础设施与人类生存环境之关系研究. 地理科学进展，2001, 20（3）：275-284.

［68］Mirza M S, Haider M. The state of infrastructure in Canada：implications for infrastructure planning and policy. Infrastructure Canada, 2003, 29（1）：17-38.

［69］Mander U, Jagonaegi J. Network of compensative areas as an ecological infrastructure of territories. Connectivity in Landscape Ecology, Proc. of the 2nd International Seminar of the International Association for Landscape Ecology. Ferdinand Schoningh, Paderborn, 1988：35-38.

［70］Costanza R. The value of the world's ecosystem services and natural capital. Nature, 1997, 387：253-259. MEA（Millennium Ecosystem Assessment）. Ecosystems and Human Well-Being：Synthesis. Washington：Island Press, 2005.

［71］Rob H G, Jongman Irene M, Bouwma, et al. The pan European ecological network：PEEN. Landscape Ecol, 2011, 26：311-326.

［72］俞孔坚，韩西丽，朱强. 解决城市生态环境问题的生态基础设施途径. 自然资源学报，2007, 22（5）：808-816.

［73］于钦.《齐乘》卷二. 元代.

［74］山东省地方史地编纂委员会. 山东省志. 水利志. 1993.

［75］马吉刚，梅泽本，夏泉，等. 山东小清河污水治理现状及对策. 水土保持研究，2003, 10（2）：7-8.

[76] 时昀，王毅，纪瑶．小清河防洪综合治理工程取得的成效及建议．山东水利，2022，3：7-11.

[77] 周雨露，杨永峰，袁伟影，等．基于 GIS 的济南小清河流域生态敏感性分析与评价．西北林学院学报，2016，31（3）：50-56.

[78] 矫桂丽，王立萍，祖晶，等．小清河水质评价与污染源分析．治淮，2011，12：86-87.

[79] 刘长余，武瑞锁．小清河流域的水污染治理．华北水利水电学院学报，2001，（3）：84-86.

[80] http://www. sdein. gov. cn/.

[81] 刘文杰．小清河流域水环境保护政策回顾性评价．济南：山东大学，2017.

[82] 闫先收．小清河流域典型抗生素分布、来源及风险评价．济南：山东师范大学，2018.

[83] 山东省交通规划设计院．小清河复航工程可行性研究报告．济南：山东省交通规划设计院，2017：69，70.

[84] Te Brake W. Taming the waterwolf: hydraulic engineering and water management in the Netherlands during the middle ages. Technol Cult, 2002, 43: 475-499.

[85] Klijn F, de Bruin D, de Hoog M, et al. Design quality of room-for-the-river measures in the Netherlands: role and assessment of the quality team (Q-Team). Int J River Basin Manag, 2013, 11: 287-299.

[86] Delta Programme 2015. Working on the delta. The decisions to keep the netherlans safe and liveable. The Ministry of Infrastructure and the Environment, The Ministry of Economic Affairs. September 2014.

[87] Jakob Lundberg, Fredrik Moberg. Mobile link organisms and ecosystem functioning: implications for ecosystem resilience and management. Ecosystems, 2003, 6: 870-898.

[88] Yachi S, M Loreau. Biodiversity and ecosystem productivity in a fluctuating environment: the insurance hypothesis. Proceedings of the National Academy of Science, 1999, 96: 1463-1468.

[89] Parkyn S M, R J Davies-Colley, K J Costley et al. Planted riparian buffer zones in New Zealand: do they live up to expectations? . Restoration Ecology, 2002, 11: 436-447.

[90] Duarte C M, J Kalff. Littoral slope as a predictor of the maximum biomass of submerged macrophyte communities. Limnology and Oceanography, 1986, 31: 882-889.

[91] Fu Fei, Chen Yiwei. Research on ecological space planning oriented urban river landscape planning. Journal of Landscape Research, 2014, 6 (9-10): 31-39, 42.

[92] Wohl E, Wohl Ellen. Connectivity in rivers. Progress in Physical Geography, 2017, 41 (3): 345-362.

[93] Justin D, Brookes, Kane Aldridge, et al. Multiple interception pathways for resource utilization

and increased ecosystem resilience. Hydrobiologia, 2005, 552: 135146.

［94］徐晓龙，王新军，朱新萍，等 . 1996—2015 年巴音布鲁克天鹅湖高寒湿地景观格局演变分析 . 自然资源学报，2018，33（11）：1897-1911.

［95］栾庆祖，李波，叶彩华，等 . 北京市三维景观格局的局地气象环境影响初探 . 生态环境学报，2019，28（03）：514-522.

［96］Tagil S, Gormus S, Cengiz S. The relationship of urban expansion, landscape patterns and ecological processes in Denizli, Turkey. Journal of the Indian Society of Remote Sensing, 2018, 46（8）：1285-1296.

［97］Li H L, Peng J, Liu Y X, et al. Urbanization impact on landscape patterns in Beijing city, China: a spatial heterogeneity perspective. Ecological Indicators, 2017: 50-60.

［98］Tanner E P, Fuhlendorf S D. Impact of an agri-environmental scheme on landscape patterns. Ecological Indicators, 2018, 85: 956-965.

［99］Ileana Ptru-Stupariu, Mihai-Sorin Stupariu, Ioana Stoicescu, et al. Integrating geo-biodiversity features in the analysis of landscape patterns. Ecological Indicators, 2017, 80: 363-375.

［100］Feng Y, Liu Y, Tong X. Spatiotemporal variation of landscape patterns and their spatial determinants in Shanghai, China. Ecological Indicators, 2018, 87: 22-32.

［101］Yin C H, Liu Y F, Wei X J, et al. Road centrality and urban landscape patterns in Wuhan city, China. Journal of Urban Planning and Development, 2018, 144（2）：9-16.

［102］Vannote R L, dG W Minshall, dK W Cummins, et al. The river continuum concept . Canadian Journal of Fisheries and Aquatic Sciences, 1980, 37: 130-137.

［103］WSAHGP. Stream habitat restoration guidelines（final draft）. Prepared for Washington State Aquatic Habitat Guidelines Program, and co-published by the Washington Departments of Fish and Wildlife and Ecology and U. S. Fish and Wildlife Service, 2004.

［104］Bennett G. Integrating biodiversity conservation and sustainable use, lessons learnt from ecological networks. IUCN Gland, Switzerland, 2004.

［105］Bennett G, Wit P. The development and application of ecological networks, a review of proposals. Lessons learnt from ecological networks. IUCN/AIDEnvironment, Amsterdam, 2001.

［106］邹春辉 . 巨淀湖地区多指标记录下的全新世环境演变 . 济南：济南大学，2019.

［107］山东济南白云湖国家湿地公园总体规划（2013—2020 年）. 2017.

［108］Golden He, Lanec R, Amatya D M, et al. Hydrologic connectivity between geographically isolated wetlands and surface water systems: a review of select modeling methods. Environmental Modelling & Software, 2014, 53: 190-206.

［109］彼得·霍尔 . 城市和区域规划 . 北京：中国建筑工业出版社，1985.

[110] Simin Davoudi, Ian Strange. Conceptions of space and place in strategies. spatial planning. New York: Routlaedge, 2009.

[111] Mackaye B. Regional planning and ecology. Ecological Monographs, 1940, 10 (3): 349-353.

[112] 张京祥, 陈浩, 胡嘉佩. 中国城市空间开发中的柔性尺度调整——南京河西新城区的实证研究. 城市规划, 2014, 38 (1): 43-49.

[113] 方伟, 赵民. "新区域主义"下城镇空间发展的规划协调机制——基于皖江城市带和济南都市圈的探讨. 城市规划学刊, 2013, (1): 51-60.

[114] 刘衍君, 曹建荣, 张宪涛. 黄河山东段水环境现状及可持续利用对策. 聊城大学学报(自然科学版), 2006, 19 (4): 64-74.

[115] http://bzdt. shandongmap. cn/standard-map.

[116] 陈湘满. 美国田纳西流域开发及其对我国流域经济发展的启示. 世界地理研究, 2000, 9 (2): 87-92.

[117] Walter K, Dodds Alain Maasric. The river continuum concept. Encyclopedia of Inland Waters. 2022, 2: 237-243.

[118] Minshall G W. Developments in stream ecosystem theory. Canadian Journal of Fisheries and Aquatic Sciences, 1985, 42 (5): 1045-1055.

[119] Landwirtschaft, Natur-Und Verbraucherschutz Des, Landes Nordrhein-Westfalen Ministerium Fur Klimaschutz, et al. Entwicklung und stand der abwasserbeseitigung in Nordrhein-Westfalen. 2014.

[120] 比尔·汉威, 孙帅. 伦敦 2012 奥林匹克公园总体规划及赛后利用. 风景园林, 2012, (3): 102-110.

[121] 陶懿君. 从城市生态韧性建设的三重维度探讨河川再生对城市健康发展的重要意义——以吉隆坡"生命之河"为例. 住宅与房地产. 2018, (24): 255-256.

[122] 耿卓, 戈国庆. 黄河山东段航运发展存在的问题及解决思路. 山东交通科技, 2017, (2): 83-84, 93.

[123] http://bzdt. shandongmap. cn/standard-map.

[124] 王坤, 杨姗姗, 王金童, 等. 多级闸门调控下徒骇河流域雨洪演进模拟与分析. 济南大学学报(自然科学版). 2018, 32 (1): 70-76.

[125] 戴光鑫, 朱爱华. 徒骇河超标准洪水应对措施分析探讨. 山西水利, 2022, 5: 81-82.

[126] 聊城市统计年鉴(第四篇、农业), 滨州市统计年鉴, 德州市统计年鉴. 2021.

[127] 张群. 德州市农业水资源利用效率及影响因素分析. 泰安: 山东农业大学, 2022.

[128] 王正冉. 聊城市河流水质综合评价及污染源解析. 哈尔滨: 黑龙江大学, 2022.

[129] 宋刚. 乡村振兴背景下滨州加快农业农村现代化建设的策略. 山西农经, 2023, (4):

　　　　159-161.

［130］聊城市农业农村局．聊城市"十四五"农业农村现代化发展规划．2022.

［131］德州市农业农村局．德州市畜牧产业"十四五"发展规划．2020.

［132］贾贵浩．城镇化背景下粮食主产区利益动态补偿问题研究．宏观经济研究，2013，12：
　　　　20-26.

［133］山东省普通高等学校名单．2022-6.

［134］王浩，祁志栋，李雪．徒骇河聊城段水环境问题及应对措施分析．节能，2019，38
　　　　（11）：172-174.

［135］赵修敏，张丙珍，庞博，等．徒骇河聊城段干支流水质分析．四川环境，2023，42
　　　　（3）：101-105.

［136］尹宏雪，戴光鑫，尚吉明．山东省海河流域骨干河道防洪存在问题及对策．山东水利，
　　　　2023，3：10-11，14.

［137］白露，杨恒．流域水生态环境保护现状及对策分析．海河水利，2023，（5）：19-33.

［138］谈明洪，冉圣宏，马素华．大都市边缘区的环境问题及其对策——以北京市房山区为
　　　　例．地理科学进展，2010，29（4）：422-426.

［139］王正冉．聊城市河流水质综合评价及污染源解析．哈尔滨：黑龙江大学，2022.

［140］谈明洪，冉圣宏，马素华．大都市边缘区的环境问题及其对策——以北京市房山区为
　　　　例．地理科学进展，2010（4）：422-426.

［141］汪波．论城市群生态一体化治理：梗阻、理论与政策工具．武汉科技大学学报（社会
　　　　科学版），2015，（1）：56-62.

［142］孙燕铭，谌思邈．长三角区域绿色技术创新效率的时空演化格局及驱动因素．地理研
　　　　究，2021，40（10）：2743-2759.

［143］邵海琴，王兆峰．长江中游城市群人居环境空间关联网络结构及其驱动因素．长江流
　　　　域资源与环境．2022，31（05）：983-994.

［144］R H G. Jongman, ecological networks , from concept to implementation . the Netherlands ,
　　　　Wageningen UR：2008.

［145］Valeria Vitulano MSc. Integrating green infrastructure in Italian urban plans. Lessons from
　　　　Turin and Bologna, Proceedings of the Institution of Civil Engineers- Urban Design and
　　　　Planning , 2024：45-56.

［146］尹文超，卢兴超，薛晓宁，等．德国埃姆歇河流域水生态环境综合治理技术体系及启
　　　　示．净水技术，2020，39（11）：1-11，15.

［147］李潇．德国"区域公园"战略实践及其启示———一种弹性区域管治工具．规划师，
　　　　2014，30（05）：120-126.

［148］http：//www. oregonmetro. gov/sites/default/files/metropolitan_greenspaces_master_plan. pdf.

［149］ James Howard Kunstler. Geography of nowhere: the rise and decline of America's man-made landscape. New York: Simon and Schuster, 1994.

［150］ Batty M. Cities as fractals: simulating growth and form. In: Crilly A J, Earnshaw R A, Jones H (ed). Fractals and Chaos. New York: Springer—Verlag, 1991: 43-69.

［151］ Woldenberg M J, Berry B J L. Rivers and central places: analogous systems?. Journal of Regional Science, 1967, 7: 129-139.

［152］ 陈彦光, 刘继生. 中心地体系与水系分形结构的相似性分析——关于人-地对称关系的一个理论探讨. 地理科学进展, 2001, 3 (1): 81-88.

［153］ 崔建鑫, 赵海霞. 城镇污水处理设施空间优化配置研究. 中国环境科学, 2016, 36 (3): 943-952.

［154］ 王浩程, 王琳, 卫宝立, 等. 基于 GIS 技术的污水处理厂选址规划研究. 中国给水排水, 2020, 36 (11): 63-68.

［155］ Poole G C. Fluvial landscape ecology: addressing uniqueness within the river discontinuous. Freshwater Biology, 2002, 47 (4): 64-660.

［156］ Abry P, Baraniuk R, Flandrin P, et al. The multiscale nature of network traffic: discovery, analysis, and modeling. IEEE Signal Processing Magazine, 2002, 19 (3): 28-46.

［157］ Gilbert-Norton L, Wilson R, Stevens J R, et al. A meta-analytic review of corridor effectiveness. Conserv Biol, 2010, 24: 660-668.

［158］ WAGENER T, SIVAPALAN M, TROCH P A, et al. The future of hydrology: an evolving science for a changing world. Water Resources Research, 2010, 46, W05301, DOI: 10. 1029 /2009WR008906.

［159］ LI Y, Tao H, Yao J, et al. Application of a distributed catchment model to investigate hydrological impacts of climate change within Poyang Lake catchment (China). Hydrology Research, 2016, 47 (S1): 120-135.

［160］ Dong Y, Dan M. Frangopol. Probabilistic life-cycle cost-benefit analysis of portfolios of buildings under flood hazard. Engineering Structures, 2017, 142: 290-299.

［161］ Burby R J, Deyle R E, Godschalk D R, et al. Creating hazard resilient communities through land-use planning. Natural Hazards Review, 2000, 1 (2): 99-106.

［162］ Holling C S, Meffe G K. Command and control and the pathology of natural resource management. Conservation Biology, 1996, 10 (2): 328-337.

［163］ Roberge M. Human modification of the geomorphically unstable salt river in metropolitan Phoenix. The Professional Geographer, 2002, 54 (2): 175-189.

［164］ MAES J, JACOBS S. Nature-based solutions for Europe's sustainable development. Conservation Letters, 2017, 10 (1): 121-124.

［165］ 赵弈，刘月辉，曹宇. 辽河三角洲盘锦湿地防洪功能研究. 应用生态学报. 2000，11（2）：261-264.

［166］ Junk W J, Bayley P B, Sparks R E. The flood pulse concept in river floodplain systems. Special Publication of the Canadian Journal of Fisheries and Aquatic Sciences, 1989, 106：110-127.

［167］ 林文盘，何凡能. 我国淡水湖泊资源开发探讨——以东平湖为例. 自然资源学报，1990，（01）：11-19.

［168］ 山东省黄河位山工程局东平湖志编纂委员会. 东平湖志. 济南：山东大学出版社，1993.

［169］ 和桂玲，吴春澍. 雪野水库大坝裂缝成因分析与加固措施. 水利规划与设计，2007，（02）：56-58.

［170］ 孙蓉，孙秀玲，宫雪亮，等. 大汶河戴村坝径流序列一致性影响分析. 水电能源科学，2017，35（09）：17-21.

［171］ Brown P H, Tullos D, Tilt B, et al. Modeling the costs and benefits of dam construction from a multidisciplinary perspective. Journal of Environmental Management, 2009, 90：S303-S311.

［172］ He S, Yin X, Shao Y, et al. Post-processing of reservoir releases to support real-time reservoir operation and its effects on downstream hydrological alterations. Journal of Hydrology, 2021, 596：126073.

［173］ Wang X, de Linage C, Famiglietti J, et al. Gravity Recovery and Climate Experiment （GRACE） detection of water storage changes in the Three Gorges Reservoir of China and comparison with in situ measurements. Water Resources Research, 2011, 47（12）：1-13.

［174］ Hwang J, Kumar H, Ruhi A, et al. Quantifying dam-induced fluctuations in streamflow frequencies across the Colorado river basin. Water Resources Research, 2021, 57（10）：e2021WR029753.

［175］ Lozanovska I, Rivaes R, Vieira C, et al. Streamflow regulation effects in the Mediterranean rivers：how far and to what extent are aquatic and riparian communities affected？. Science of The Total Environment, 2020, 749：141616.

［176］ 李勇刚，赵龙，李建新，等. 黄河下游大汶河流域水文要素演变特征研究. 山东农业大学学报（自然科学版），2023，54（1）：104-111.

［177］ 杨旭洋. 变化环境下流域径流演变特征及归因分析研究——以大汶河流域为例. 西安：西安理工大学，2023.

［178］ Cuo L, Lettenmaier D P, Mattheussen B V, et al. Hydrologic prediction for urban watersheds with the distributed hydrology-soil-vegetation model. Hydrological Processes, 2008, 22（21）：4205-4213.

［179］陈菁. 城镇化过程中应保护天然水系——从几则案例说起. 中国水利, 2014,（22）:
21-23.

［180］HORTON R. Erosional development of streamsand their drainage basins: hydro- physical
approach to quantitative morphology. Bulletin of the Geological Society of America, 1945, 56
（2）: 275-370.

［181］孟飞, 刘敏, 吴健平, 等. 高强度人类活动下河网水系时空变化分析——以浦东新区为
例. 资源科学, 2005, 27（6）: 156-161.

［182］泰安市住房和城乡建设局, 济南市市政工程设计研究院（集团）有限责任公司. 泰安
市海绵城市专项规划（2016-2030）. 2016.

［183］秦大庸, 陆垂裕, 刘家宏, 等. "流域自然–社会"二元水循环理论框架. 科学通报,
2014, 59（4-5）: 419-427.

［184］张伯瀚. 农户参与河道生态保护意愿的影响因素研究——以大汶河流域泰安段为例.
泰安: 山东农业大学, 2023.

［185］Jacob Kalff. 湖沼学——内陆水生态系统. 北京: 高等教育出版社, 2011.

［186］大卫·弗莱切尔, 高健洲. 景观都市主义与洛杉矶河. 风景园林, 2009,（2）: 54-61.

［187］Claps P, Oliveto G. Reexamining the determination of the fractal dimension of river networks.
Water Resources, 1996, 32（10）: 3123-3135.

［188］Pringle C. What is hydrologic connectivity and why is it ecologically important?. Hydrol
Processes, 2003, 17（13）: 2685-2689.

［189］Chadwick M. Stream ecology: structure and function of running waters. Freshw Biol, 2008,
53（9）: 1914.

［190］姚文艺, 郑艳爽, 张敏. 论河流的弯曲机理. 水科学进展, 2010, 21（4）: 533-540.

［191］BHADURI A, BOGARDI J, SIDDIQI A, et al. Achieving sustainable development goals from
a water-12- perspective. Frontiers in Environmental Science, 2016, 4（21）: 1-16.

［192］刘效东, 张卫强, 冯英杰, 等. 森林生态系统水源涵养功能研究进展与展望. 生态学
杂志, 2022, 41（4）: 784-791.

［193］Forman R T T. Land mosaics: the ecology of landscapes and regions. Cambridge: Cambride
University Press, 1995.

［194］Klijn F, de Bruin D, de Hoog M, et al. Design quality of room-for-the-river measures in the
Netherlands: role and assessment of the quality team（Q-Team）. Int J River Basin Manag,
2013, 11: 287-299.

［195］Ministry of Infrastructure and the Environment. Deltaprogramma 2015. Werken aan de delta,
De beslissingen om Nederland leefbaar en veilig te houden. 2014.

［196］Lenssen J P M, Ten Dolle G E, Blom C. The effect of flooding on the recruitment of reed marsh and tall forb plant species. Plant ecology, 1998, 139 (1): 13-23.

[197] Coops H, Vulink J T, Van nes E H. Managed water levels and the expansion of emergent vegetation along a lakeshore. Limnologica, 2004, 34 (1-2): 57-64.

[198] 左慧元. 黄河金石录. 郑州: 黄河水利出版社, 1999.

# 第 2 章　流域城市水生态空间的演进与未来

城市水生态空间的演进与人类文明的进程息息相关，是人类改造世界的认识论和方法论的鲜明体现。济南市是山东黄河流域的主要节点城市、山东省省会。农耕文明时期，济南古城在城市营建中落实人与自然和谐共生理念，是实现人类文明向更高层级跃升的关键。本章以济南市为对象，分析济南古城在营建中，利用水系统构建水生态景观，实现共生共存。现在，济南市利用现代水处理技术，建立了以工程技术为导向的城市水环境管理实践。新时代，生态文明成为城市水生态环境营建的主旋律，本章将讨论济南市城市水生态环境如何形成与自然和谐的生态文明范式。

## 2.1　济南古城——人与自然和谐共生理念的实践路径

人类经历了原始文明、农业文明、工业文明，生态文明是工业文明发展到一定阶段的产物，是实现人与自然和谐发展的新要求[1]。生态文明提出去人类中心主义立场，将人类自身作为组成部分之一去关心自然[2]，人与自然和谐共生价值论的形成，是以人为本机械思维主导的城市组织范式，向人与自然和谐共生理念的转向。人与自然和谐共生的理念在城市规划建设上践行路径，需要在中国传统生态伦理中寻求智慧，在现代人类文明实践中寻找答案。《庄子·齐物论》提出"天地与我并生，而万物与我为一"的共生共存的中国传统生态观[3]。《老子·第二十五章》："人法地，地法天，天法道，道法自然"，"道法自然"是人与自然的和谐共生中国传统生态伦理。《周易·乾卦·文言》："大人者与天地合其德，与日月合其明，与四时合其序，与鬼神合凶吉，先天而天弗违，后天而奉天时"揭示了"天人合一"实践要求。古代城市的营建从城市选址，城市空间布局，水生态景观规划都落实了人与自然和谐共生的原则，本节以济南市城市古城选址与水系景观营建为例，探究深在历史自然逻辑，寻求当今城市"与自然和谐"的发展范式。

## 2.1.1　济南古城共生共存的水生态景观系统

济南始于西汉、成熟于唐宋、定型于明清，济南古城选择了利于生产、生活、生存的地理条件，利用自然环境、趋利避害地营建古城，留下了共生共存生态文明足迹。明代危素在《济南府治记》中说："济南之为郡，岱宗当其前，鹊华经其后，泉流奔涌，灌溉阡陌，民庶繁夥，舟车辐辏，实乃要会之地，故置行中书省，以尊藩服。"如图 2.1 所示。

图 2.1　济南古城选址[4]

济南位于 70 米等高线，南依千佛山，距山 2.5km，北临济水[5]，选址遵循了《管子·乘马》"高毋近旱，而水用足；下毋近水，而沟防省"的原则，以及《管子·度地》"乃以其天材，地质所生利，养其人，以育六畜"，选址水源丰沛，为居民提供了生活用水，农耕浇灌用水。为避洪水，择高而居[6]，保障了城市防洪安全。明初京杭运河、大清河和小清河的航运功能使济南成为水路辐辏[7]，古城的选址是济南成为区域核心的自然经济地理基础。

1. 地域自然禀赋与古城水生态系统构建

济南古城利用自然地理条件组织城市景观空间。济南古城南有山峦相拥，地势南高北低，其下为古生界寒武系、奥陶系石灰岩单斜构造，在古城周围有数条断层发育，地下水富集区承压外溢[8]形成了五龙潭、趵突泉、珍珠泉、黑虎泉四大自然泉群。

　　根据《水经注》记载，城内泉水的排泄渠道有两条，一条沿历水右支，另一条经历水陂出西北郭历水左支。修筑城墙后，城西北角的排泄渠道被阻断，城内泉水宣泄不及，在北半城地势低洼地带积水形成大明湖，大明湖是唐天宝十五年扩建济南城后形成的人工湖，湖的西、北两岸是西、北城墙根基。大明湖在唐、宋时期不断扩大，到金、元"几占城三之一"，形成了济南"四面荷花三面柳，一城山色半城湖"的古城风貌，如图2.2所示[9]。珍珠泉群有大小泉21处，泉水喷溢形成的溪流穿墙越户，汇聚成曲水亭街的沿街河道，经百花洲流入大明湖。

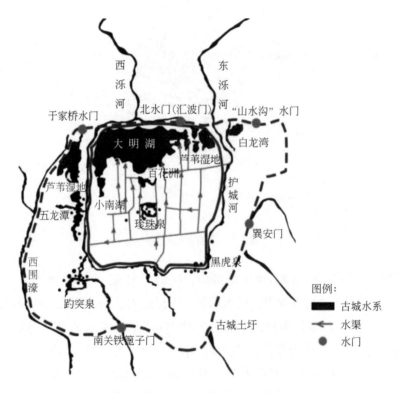

图2.2　1911年济南古城水系空间布局[10]

　　古城内聚落环境和街巷布局是依据泉水自然溢出的位置设置沟渠，汇集泉水成湖，构成济南的水系景观环境和社会功能空间结构。开掘护城河连通了古城水系。明代初期，济南护城河全长 7000m，已形成完整护城河体系，城内泉水经由大明湖入护城河，城外的泉水直接或间接汇入护城河，护城河改变了原有的水道，具有城防[11]、泄洪、水生态功能和水网性质的水生态景观。古城济南的西护城河、北护城河为泄洪通道，用于宣泄绕千佛山西行、汇入趵突泉的洪水；北护城河主要用以宣泄"羊头峪西沟"的洪水。两股水在北护城河调蓄分流，从东、西泺河向北宣泄。

作为调蓄目的，1911 年济南城内有大明湖、小南湖、百花洲、五龙潭、白龙湾和芦苇湿地，面积共 636000m²[12]（图 2.2），为济南城提供了巨大的调蓄容量，护城河形成了充足的排水空间。

### 2. 多功能生态景观设施

济南古城水管控生态景观系统，始于北魏，发展于宋。北宋 1072 年，曾巩任济南知州，为防御水患，修建了北水门，引湖水入小清河，使得湖水常年水位恒定[13]。大明湖与护城河成为蓄滞洪管控设施，大明湖北岸的北水门，调控大明湖水位，防治水患。水门以北泄洪区，地势低洼，修建池塘种植湿地植物荷花。沿湖修建亭、台、堤、桥，在水门上建汇波楼，可在楼上观赏"十里荷香"，规划设计融排水功能与景观为一体。

大明湖、趵突泉、五龙潭、小南湖、小东湖形成古城生态景观空间节点，城内明渠、暗渠网络以及护城河、大明湖等水系，组成应对水患、军事防御、通航和城市生态景观多功能基础设施。多功能基础设施是 20 世纪 90 年代，美国提出绿色基础设施概念时，定义了城市绿色基础设施规划是以城市生物多样性保护、生态过程修复、开放空间多种功能增强和发挥多重效益为目标[14]，赋予基础设施多重功能。济南古城早期营建利用水系构建了多功能景观系统，形成的古城营建的生态文化对当代生态城市营建和生态系统保护有深邃启迪意义。

### 3. 济南古城水生态景观体系当代价值

景观生态学的规划法是 20 世纪 90 年代才形成。800 年前，中国先贤受技术的限制，尽可能因势利导，利用河流系统是多时空范围中地景演变的主要驱动力，结合降雨气候不确定性和生态空间主导性，发挥自然水动力，在济南古城营建了空间水系。给河流空间，这是近几年在荷兰城市水管理中出现的新理念，在古代济南用大明湖修建就进行了"给水空间"的诠释和实践[15]。1072 年济南兴建古城水生态系统 800 余年后，1893 年美国设计师奥姆斯特德运用两侧种植树木的线性公园道，连接城市内公园，构建完整带状水生态公园体系。奥姆斯特德将联邦林荫大道延伸，连接了波士顿公地，后湾沼泽地，按照自然规律重新构造了滩地和湿地，恢复了约 1214 亩（1 亩 ≈ 666.67m²，后同）不规则的盆地，重建了约 809 亩湿地用来接纳洪水，连接人文价值的自然保护区阿诺德植物园和波士顿最大的公园富兰克林公园，如图 2.3 所示。用景观规划的手段，建成了沿查尔斯河流域贯穿波士顿全城的带状公园体系。经过了 17 年的规划与建设，占地总面积约为 450hm²，全程长约 16km。

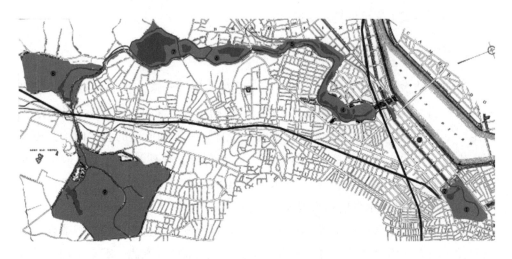

图 2.3　波士顿水生态公园体系

　　济南古城的案例、美国的实践遵循了道法自然的原则，利用水动力，依存自然生态系统规律，营建水生态空间，改善区域生态环境，是低碳绿色发展的典范，对当代绿色低碳高质发展有重要实践价值。

## 2.1.2　水生态网络与景观生态规划

　　Bennett 和 Wit 认为自然半自然景观单元形成生态网是保护和修复生态功能、维持生态多样性的有效措施[16,17]。水生态网络系统可以增加河道的复杂性、自然泛洪区面积、非建筑用地调蓄洪水的能力。在自然状态下，河流系统就是最重要的生态廊道，通过连接侵蚀和沉积过程，河流系统是多时空范围中地面景观演变的主要驱动力[18]。在人类主导的景观中，交通网络，如公路和铁路、船运航线和空运航线都是人类社会和现代景观的主要网络[19]。廊道网络的主要功能就是强化水平流动和跨景观的连接[20]。自然景观比人类改造后的景观具有更好的连接性，廊道是切实可行的保持或者强化这种自然连接度的方法。

在景观生态规划中生态网络规划方法出现之前，斑块–廊道–基质的分析方法一直是景观生态规划的主要方法，该方法中强调廊道的作用，但没有具体的技术方法可以提取和研究廊道的形态和空间格局。20 世纪 90 年代以来，Dean Urban 及其团队率先利用图形理论和方法描述了景观中网络结构的特性，重点强调廊道的格局和景观的连接度，就此成为景观规划的一个新的方法[21-23]。利用该方法可以提取绿色面积和重构绿色系统，重建与城市区域之外的重要自然资源的联系[24]。为了更加量化生态网络的独特结构特征，如表 2.1 所示，G. 梅里亚姆提出连通性、点线率和网络环度的概念，描述网络增强物种的联系，形成了个体间互动丰富的复合种群[25]的程度。

**表 2.1　生态网络空间结构特征**

| 特征指数 | 定义 | 度量公式 | 注释 |
|---|---|---|---|
| 连通性<br>（$r$） | 廊道在空间上的连续度量<br>确定通道功能效率的重要指标 | $r = L/L_{max} = L/3$（$V-2$） | $L$ 连接线数<br>$L_{max}$ 最大可能连接线数<br>$V$ 结点数 |
| 点线率<br>（$\beta$） | 网络中廊道与节点间的关系<br>衡量网络的通达程度 | $\beta = L/V$ | $L$ 连接线数<br>$V$ 结点数 |
| 网络环度<br>（$\alpha$） | 现有的环路数与最大可能环路数的比值<br>描述网络复杂程度的指标 | $\alpha = （L-V+1）/（2V-5）$ | $L$ 连接线数<br>$V$ 结点数<br>$L-V+1$ 实际环路数 |

利用表 2.1 生态网络空间结构特征的评价方法，对济南古城水生态系统进行量化研究。城市面积约 2.9km²，护城河长 7000m，关键节点数 14，水系网络 $\alpha$、$\beta$、$\gamma$ 指数值分别为 0.69、1.78、0.52，连续度高，网络的通达程度高，网络复杂程度较高。古代没有现代水生态理论，但没有影响济南古城建成了具有高度生态连接度、多功能景观的水生态网络系统，形成了古代景观生态规划，利用水系廊道相互交叉形成的网络，维持了景观嵌体中持续的营养流、能量流和物种流。

### 2.1.3　区域水生态规划

实施区域协调发展是新时代国家重大战略之一，从区域角度研究区域生态，在区域尺度与城市地域进行生态规划"双尺度整合",搭建网络促进水平流动和跨景观的连接,不同类型的生态节点和纵横交错的生态廊道,使生物有机体交流并结合所嵌入的景观基质,将一系列的生态系统连接成一个空间连贯的系统,维持人类活动影响下的生态过程的完整性,统筹山水林田湖草形成具有生命共同体的生态系统。

### 1. 古城小清河区域拓展

宋代刘豫为防洪排涝,兼有舟楫之利,循历城济水故道,挑挖疏浚,成为独流入海河流。为增加水源,在华山下筑泺堰,使源于济南泉群的泺水,注入新开河道[26]。1891—1893 年盛宣怀奉命整治小清河,经疏浚治理,汇流群泉之水,成为山东省重要的排洪和航运河道[27]。清代顾祖禹的《读史方舆纪要》记载:"凡海上盐场,傍河州县,其货物皆得达历下,入大清河,抵张秋以至大名。"山东渤海湾盛产食盐,主要通过大小清河外运。经过近 800 年大规模的综合治理,1917 年小清河河道为西南–东北向[28],沿途支流众多,流域水系复杂,成为联结区域的重要水生态交通廊道。

### 2. 大波士顿区域公园系统

在奥姆斯特德创设的波士顿公园系统基础上,查尔斯·艾略奥特进一步将大波士顿区域范围内的 3 条沿海河道和波士顿郊区的 6 处开放空间进行连接,沿途 20 个国家公园景观带和河流水系构成了生态廊道,利用公园体系的生态节点形成了生态网络,创造出整个波士顿大都市区方圆 650km² 范围内的公园系统及绿道网络,如图 2.4 所示。

联合国环境与发展大会颁布的《21 世纪议程》提出,区域生态规划是未来区域空间发展规划的主要内容,使区域规划向区域生态规划方向演变。济南古城小清河流域拓展、美国大波士顿区域水生态系统为实现区域范围规划生态系统提供了参考。

### 2.1.4　构建区域水生态基础设施

1917 年完成了以小清河向东延伸,进行区域水生态构建的探索,但没有接续完成区域水生态系统嫁接并实现区域水生态系统的完善。现状小清河济南段的支流大多是山洪性河道,呈单侧梳齿状分布于南岸,支流较为密集;北岸支流很

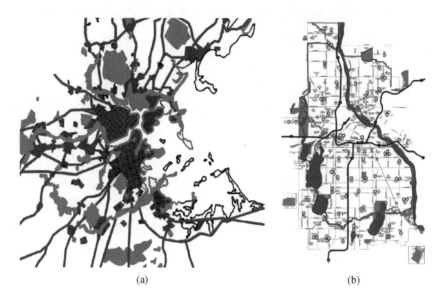

图 2.4　大波士顿地区水生态系统[29]

(a) 区域生态体系绿道系统；(b) 灰色水系，黑色景观道

少且小，均为平原坡水排涝河道。小清河流域南岸河流为干流型结构，排水效率高，缺少环回度。

1. 规划人工沟渠水生态基础设施，增强水系的连通性

基础设施是保证社会经济活动、改善生存环境、克服自然障碍、实现资源共享等为目的建立的公共服务设施[30]。生态基础设施是由栖息地、自然保护区、森林、河流、沿海地带、公园、湿地、生态廊道及其他一切自然或半自然的构成，能够提供生态服务的设施。水生态基础设施是针对济南市南部各支流之间，支流与湖泊、水库之间的连通性较差，利用人工沟渠，构建水生态网络，增强河流水系连通性，形成半自然水生态网络，通过改变水文条件、修复湿地和缓冲带、连通河流生境与湖泊水库生境，使生态系统整体稳定地发挥功能。1891—1893 年整治的小清河，垂直于现状泄洪河道，成为山东省重要的排洪和航运河道。济南古城因循自然地理条件、水文情势规划并建设超远古今的水生态基础设施-人工水系，连接泉群水源，构建了多功能水生态系统。波士顿运用线性公园连接湖泊、湿地、自然保护地形成最早的公园系统，这些系统构成了区域生态基础设施。随城市扩张，平行于小清河的东西向的水系生态设施，规划路网基础

设施和东西向的沟渠水系联通设施。按照雨水径流量进行选址和空间布局，在强化联通性的同时，也减缓下游雨洪压力。

2. 规划湿地公园设施，拦蓄雨水径流，增强调蓄能力

沿新增人工沟渠两侧，布设雨水湿地基础设施，拦蓄雨水径流。利用湿地公园，增强地面可渗透，提高土壤保水性，起到减少径流的作用。利用人工规划的水塘湿地设施，构建区域生态网络，恢复和维持生态系统连通性和连续性，实现整体保护，实现物种栖息、繁衍、迁徙、扩散等生态过程[31]。恢复各支流河道的自然状态，恢复河流滩地和湿地的蓄水功能，抵御流域洪水。保留流域自然状态的湖泊湿地系统，作为区域发展生态本底，为生态斑块和生态景观规划留足发展潜力。探索具有多功能空间河流系统和道路系统[32]，布局水系空间连通，强化调蓄能，增强生态功能。

### 2.1.5　济南市水生态文明形态的构建

古城济南从选址到营建，水管理成为古城在历史长河中关照当下的精髓，形成了水韧性、水生态、水文化和水景观的多功能古城。近现代美国波士顿水生态系统的构建，利用了自然水动力连通自然景观，强化自然连接度，形成韧性生态网络系统。

用现代生态网络理论，对古城济南的水生态系统进行评估，网络 $\alpha$、$\beta$、$\gamma$ 指数值分别为 0.69、1.78、0.52，表明古城济南的连续度高，网络的通达程度高，网络复杂程度较高。济南古城建成了具有高度生态连接度生态网络系统。

古城济南进行了区域拓展的探索，对照大波士顿地区区域生态规划演进的方向，对济南的城市建设未来提出了构建区域生态基础设施目标。用区域水生态基础设施，在区域更大的尺度上，组织基于水文、生态、社会、文化和城市过程的适应性创造，构建出与大地融为一体的生态基础设施，拥有设施功能，在功能价值之外，还衍生出生命力和多方面的文化潜力。

## 2.2　济南市水生态环境现状

济南市水环境的状况，主要反映在小清河水质。小清河是横穿济南市区北部的一条城市河流，城市内的大部分支流最终汇入小清河，承担了城市内重要排水

功能。多年来，随着沿岸工业、农业的发展，城镇化水平的提高，排入小清河的废水不断增多，造成小清河水质恶化。20 世纪 70 年代，小清河水质清澈见底，鱼虾等生物资源丰富，小清河河道通畅，沿岸树木茂密、景色宜人[33]。60 年代以后，污水排放量日渐增加，1960 年全市日废水排放量为 19 万 t，70 年代增至 40 万 t 左右，80 年代初达到 56 万 t，这些工业废水和生活污水经兴济河、工商河、西洛河、柳行头、七里河和王舍人镇六大排污系统的 20 多条河沟排入小清河。随着污废水排放量不断增加并直接排入小清河，小清河上游修建了大量的水库和拦水坝，河水基本上无清洁补充水源，造成了河流自净能力极差，水质污染严重。80 年代以后，快速的经济社会发展需要大量水资源，大量开采地下水导致小清河清洁水补充进一步不足，另一方面沿途各市大量未经处理的污水废水排入小清河，污染物的数量远远超过其自净作用所能容纳的污染物的量，直接致使水质状况持续恶化。90 年代虽经多方面污染治理仍日排废水约 60 多万 t。根据 1991 年《山东省环境质量报告书》数据显示，1991 年小清河各监测断面除源头睦里庄水质较好，能够达到地表水环境质量 I 类标准外，其余各断面均远远超过 V 类水标准，为劣五类水。

1986 年济南污水处理厂进行可行性研究，设计规模为 45 万吨/天，一期工程 22.5 万吨/天，厂址位于济南市北部小清河侧盖家沟村，设计进水水质为：COD 500mg/L，$BOD_5$ 260mg/L，SS 400mg/L，设计出水为二级排放。1988 年市区人口 156 万，市区污水 62.4 万吨/天，其中生活污水占 40%，其他为工业废水。大量污水均直接排入河道，市内河道均称为污水渠，水色灰黑，腥臭四溢。1994 年底，济南市城市污水处理厂一期工程开工，处理能力为 36 万吨/天[34]。1996 年济南盖家沟污水处理厂建成运行，管网配套工程 1997 年 8 月开工，2000 年底基本完成。新建济南兴济河污水处理厂，于 2001 年建成[35]。济南污水厂 22.5 万吨/天一期工程污水处理已经进入试运行阶段，但由于城市基础设施建设资金严重不足，连接污水管网与污水厂的末端污水干管无法上马，致使整个污水管网系统无法正常启用，污水依旧通过城市河道最终排入小清河，污水厂也只能抽小清河的水进行处理；同时，由于管网中部分管段老化，污水浸入河流污染了附近水体，使水体恶化，对城市景观和地下水源都有严重的影响。

截至 2018 年底，济南市城区已建成污水集中水质净化厂 5 座，处理能力合计为 76 万吨/日；已建成污水分散式处理站 8 座，分散式处理能力 8 万吨/日，污水集中和分散处理能力总计达到 84 万吨/天。2017 年，济南市中心城公共供水

总量约 $95.5×10^4\,m^3/d$，污水处理规模约 $95.9×10^4\,m^3/d$，主城区污水处理规模与供水规模相当[36]。

依据 2023 年颁布的《济南市"十四五"水生态环境保护规划》，小清河流域水质总体呈现改善趋势，但流域水生态环境保护不平衡、不协调。小清河睦里庄、辛丰庄 2 个国控考核断面月均值稳定达标压力仍然存在，小清河城区段水质超标，兴济河、北太平河等 6 条小清河支流水质超标，东泺河、西泺河等小清河支流不稳定达标，存在劣 V 类水体。

## 2.3　济南市水生态环境修复的路径——利用植被水文过程实现小流域水生态修复

1971 年，联合国教科文组织科学部门发起"人与生物圈计划"（MAB），第 11 项计划即"关于人类聚居地的生态综合研究"。MAB 报告提出了生态城市规划的 5 项原则：生态保护战略、生态基础设施、居民的生活标准、文化历史的保护、将自然融入城市。

河流水系是支撑城市生态重要的水生态要素，实施城市生态保护战略，需要健康的水系生态系统。河流水系有流域系统属性，流域是"一片由水文系统的边界包围起来的土地，通过共同的水文过程使生命彼此联系"。一个大流域还可以分成许多小流域，小流域又分成更小的流域，直到最小的支流流域为止。城市河流水系经常包含完整的多个小流域，河流水系健康，需要所包含的小流域水生态系统健康。

流域是一个相对封闭、边界清晰的集水区，随时与外界保持物质、能量与信息交换[37]。流域生态系统属于复合型生态系统[38,39]。流域的生态循环主要通过水、光、热、碳氮等循环过程得以维持，其中水是流域生态系统健康和可持续发展的重要因素[40]。流域的水文循环过程包括陆生与水生两方面[41,42]。陆生与水生生态系统镶嵌交错使流域成为一个整体性强、空间异质性高的生态单元[43,44]。影响流域生态水文过程的主要因素包括气候条件、水量状况、植被和水利工程措施等[45]。

小流域是一个相对的概念，目前尚无统一的划分标准。在美国是指面积小于 $1000\,km^2$ 的流域，欧洲和日本则将其面积界定为 $50\sim100\,km^{2[44]}$。小流域具有独立生态系统功能和性质。与大型流域生态水文循环不同，小流域受大型工程措施、水库、人文地貌改变等因素的干扰不多，尤其是在支流没有大型水利设施的小流域。小流域内的植被可通过水文循环特征，模拟植被季节性生长、流域蒸散发量、流域地表干湿状况及植被需水量的变化，建立两者间的耦合响应关系[46]，对小流域植被水文过程进行调控，可以实现流域的水生态过程修复。

植被对水文过程的影响主要体现在植被对径流的调控、截留过程、下渗过程和蒸散发过程等方面[47]。不同植被类型对径流调控强度不同，天然林地表覆盖度高，对地表的扰动较小，对径流的调控性强；人工林地和农田受施肥、除草及收割等人为因素的影响，地表扰动大、暴露时间长，对径流的调控能力较差。不同植被类型中，阔叶林地对流域径流量的调蓄最为明显，当阔叶林地面积减少，耕地面积增加时，径流量随之增加，反之径流量减少[48,49]。草本植被可通过增加水力粗糙度及减缓流速来控制集中径流和土壤侵蚀，增加降雨和水分入渗的初始损失，进而导致泥沙滞留，改变径流和下渗过程，此过程也可增强草地植被的水分利用效率。降雨强度的增加可促进植被覆盖度与径流量之间的回归关系[50]。植被覆盖密度越高，植被对径流的调控效应越显著，植被覆盖可主导径流量的大小。随着植被覆盖程度的提升，土壤侵蚀速率呈指数衰减，植被对水分的利用及调控逐渐增强[51]。此外，河岸植被的种植面积越广，地表径流的调控能力和水体净化能力越强，如群落式草本植物可明显改变地表粗糙程度，提升地表径流的下渗能力[47]。相反，植被丰富度下降会使地表涵养水源的能力减弱，导致下渗减少和地表径流的增加，加剧水土流失，破坏流域生态环境。

### 2.3.1　济南市韩仓河小流域自然特征

韩仓河小流域是济南市小清河支流之一。该流域位于济南市历城区东南方（北纬 36°22′～36°56′，东经 116°58′～117°23′），属于自然形成的南部山区雨源型排洪河流，干流总长约为 27.8km，流域总面积约为 100km²，属于小流域范畴。韩仓河发源于历城区燕棚窝村以南的山谷，依次由南向北经田庄、章灵丘、东梁王村、西梁王村，由曲家庄东流入小清河；流域北部多为农田种植区，中部区域城市化程度高，分布有居民区、学校，南部山区含有大量的林地、草地，兼有多种野生植被。

韩仓河流域属于温带季风气候，四季分明，冬季受极地大陆气团控制，常受冷空气侵袭，严寒干燥，夏季受海洋气团影响和来自海洋的暖湿气流，天气炎热、高温多雨；流域多年平均气温为14.8℃，最冷月均气温为-0.4℃（9月），最热月均气温为27.5℃（7月）；极端最低气温为-14.9℃，极端最高气温为40.5℃，霜冻开始于11月中旬，年霜冻期约为235天，冻土期约为2.5~3个月；年均日照时数约为2388.0h。年平均降水量为783.27mm，6~9月的平均降水量占全年平均降水量的60.26%，其中7~8月降水最多，且多以暴雨的情况出现，据实测记载，流域最大年降水量为1964年的1226.4mm，最小年降水量为1989年的354.0mm；最大24h的实测降雨量为1997年的217mm。据最新记载，2021年至今流域内的年平均降水量已突破1000mm。

韩仓河流域广泛分布红褐黏性土、黄灰色砂土、灰黑色淤泥质土、黏性土等土壤；不同土壤的含水率在19%~44%，孔隙比在0.67~1.13，承载力在60~250kPa[52]。

韩仓河小流域东南地势高，西北地势低，南部陡峭，北部平坦，南部坡度在4.5°~11°，北部坡度小于1°，整体地形自东南向西北倾斜（图2.5）。小流域的地基地层主要为第四系，厚度由东南至西北逐渐增厚，南部山区主要为下中奥陶统碳酸盐岩，由南往北依次为中更新—全新统山前组、中更新统羊栏河组、晚更新统大站组以及全新统临沂组，对应土层性质为碎石土、棕红黏性土、红褐色黏性土、黄灰色砂土，各土层分布范围如图2.5所示[52]。

韩仓河小流域地质构造方面，东坞断裂与港沟断裂在小流域内相交，小流域内现存河东—河西与车脚山—太平庄两个渗漏带。东坞断裂南起下阁老，经西营、港沟西山向西北延伸，于燕棚窝村西北处被港沟断裂切割，一直延伸过黄河。港沟断裂贯穿济南市区中东部，由数条不同规模的南北向与北北东向断裂组成，主要断裂南起小流域南部艾家庄，经港沟西山向北、东北延伸，逐渐隐伏于第四系之下。河东—河西渗漏带位于东坞断裂带上，周边岩层上伏中奥陶统石灰岩，下出露白云质灰岩，渗漏带宽80m，弯道处27.5m，面积约1.17km²，第四系坡洪积物覆盖，厚2~3m，植被覆盖度高，种植农作物为主。车脚山—太平庄渗漏带南部为太平庄，现状为阶地、梯田，阶地宽度为30~35m，第四系冲洪积物厚2~3m，沟谷面积宽阔，坡积物山体岩性为奥陶白云质灰岩，谷内以种植玉米为主，植被以灌木、庄稼为主，植被覆盖率达70%，农作物覆盖率达5%，渗漏带面积约1.17km²。

河道宽窄不一，流域南部河道最宽处可达数百米，中部受人类活动干扰，河道宽十数米至30米不等，下游河口处河道宽约20~30m。河道整体植被覆盖度

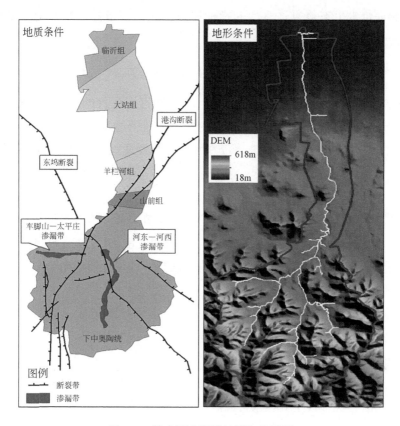

图 2.5　韩仓河小流域地形与地质图

底且坡陡流急，高程差最大为 339m，降水集中，汛期破坏性较大，易成涝灾。

## 2.3.2　韩仓河小流域水生态修复适宜性评价

生态适宜性分析是修复规划的核心，国内外先后发展了多种分析方法，如因子叠加法、因子加权评分法、生态因子组合法、限制因素法等[53]，都是在麦克哈格千层饼模式基础上形成的，强调景观生态单元的垂直过程[54]。垂直过程生态适宜性分析的"千层饼"法又叫地图叠图法，是一种形象直观，可以将社会、自然环境等不同量纲的因素进行综合分析的土地适宜性评价方法[55]。McHang 最早将其用于城市景观生态规划，后被广泛用于土地利用、流域开发、城市发展规划。随着计算机技术及生态学的发展，该方法演变为地图重叠法、加权叠加法、生态因子组合法[56]。生态因子组合法是一种相对更成熟的"千层饼"演变评价方法，本章根据生态因子组合法对韩仓河流域水生态修复适宜性进行评价，具体为：编制评价水生态修复适宜性的指标体系，针对各指标体系分别制定评价因子，评价公式如下：

$$A = \sum_{j=1}^{m} \left( \sum_{i=1}^{n} B_{ij} \times C_{ij} \right) \times D_j \qquad (2\text{-}1)$$

式中，$A$，水生态修复适宜性评价值；$m$、$n$，适宜性评价的总指标和总因子数；$B_{ij}$，影响水生态修复评价的第 $j$ 个指标的第 $i$ 个因子适宜度评价值；$C_{ij}$，第 $i$ 个因子占第 $j$ 个指标的权重；$D_j$，指标 $j$ 在水生态修复适宜性总评价中的权重。

### 1. 构建水生态修复评价指标体系

水生态修复指水系网络生态系统适应性、调节外部环境的水量和水质变化的能力，以及从一定程度的干扰中恢复水环境功能的能力[57]。从影响小流域水生态系统功能的众多因素中选取、归纳出主要的指标和评价因子用于水生态修复适宜性的评价。

适宜性评价的指标体系由地质构造指标、土壤径流指标、人类干扰程度指标、生态现状指标构成。地质构造指标与土壤径流指标分别从地上与地下两个方面直接反映评价对象对水量的容纳与调节能力。人类干扰程度指标体现了评价对象因人类干扰而增加的修复工程困难程度，以及水生态修复的难易程度。评价对象的生态现状指标体现了其在水资源涵养、污染物截留方面的能力，影响着水生态修复的成效。

选用的评价因子包括渗漏带、坡度、径流宽度、径流系数、距离交通线路距离、距离居民点距离、距离水系距离、归一化植被指数（NDVI），如表 2.2 所示。

### 2. 确定评价因子标准与因子权重

由于各因子的数量级、量纲之间存在明显差异，无法使用不同数量单位与量纲的数据进行综合比较，研究中对评价因子分别进行标准化处理。按照因子的评价适宜程度制定 5 个评价值，分别为 1、3、5、7、9，对应非常适宜、一般适宜、适宜、较不适宜、不适宜 5 个评价等级。

渗漏带因子的选取，参考《济南泉域重点渗漏区调查与保护规划》中的分析结果，将评价对象分为渗漏核心区、渗漏保护区、渗漏缓冲区及无渗漏影响 4 个等级。渗漏核心区对应渗漏带的渗漏构造区；渗漏保护区对应渗漏带主沟谷，

**表 2.2　水生态修复适宜性评价体系及评价标准**

| 评价指标层 | 评价因子层 | 分级标准 | 评价值 $B_{ij}$ | 评价指标层 | 评价因子层 | 分级标准 | 评价值 $B_{ij}$ |
|---|---|---|---|---|---|---|---|
| 地质构造指标 | 渗漏带 | 渗漏核心区 | 1 | 生态现状指标 | 距离水系距离/m | 水系 | 1 |
| | | 渗漏保护区 | 3 | | | <30 | 3 |
| | | 渗漏缓冲区 | 5 | | | 30~80 | 5 |
| | | 无渗漏影响 | 7 | | | >80 | 7 |
| | 坡度/(°) | 35 | 1 | | NDVI | >0.53 | 1 |
| | | 25 | 3 | | | 0.4~0.53 | 3 |
| | | 15 | 5 | | | 0.32~0.4 | 5 |
| | | 8 | 7 | | | 0.135~0.32 | 7 |
| | | 5 | 9 | | | <0.135 | 9 |
| 土壤径流指标 | 径流宽度/m | >3580 | 1 | 人类干扰程度指标 | 距离交通线路距离/m | >200 | 1 |
| | | 2500~3580 | 3 | | | 80~200 | 3 |
| | | 1565~2500 | 5 | | | 30~80 | 5 |
| | | 960~1565 | 7 | | | 12~80 | 7 |
| | | <960 | 9 | | | <12 | 9 |
| | 径流系数 | 水体 | 1 | | 距离居民点距离/m | >200 | 1 |
| | | 建筑、厂房、沥青路面 | 3 | | | 80~200 | 3 |
| | | 空地、非铺砌路面、近期开发用地 | 5 | | | 30~80 | 5 |
| | | 耕地、林地 | 7 | | | 12~80 | 7 |
| | | 草地 | 9 | | | <12 | 9 |

渗漏带上游直接来水的沟谷及地表水无净化途径的径流区；渗漏缓冲区对应渗漏带所在次小流域。坡度因子按照《土壤侵蚀强度分级标准》（SL 190—2007）分别取 5°、8°、15°、25°、35°为本评价适宜度分级标准。径流系数因子分级依据小流域土地利用现状提取结果，适宜度评价分为 5 个等级，分别对应草地，耕地与林地，空地、非铺砌路面与近期开发用地，建筑、厂房与沥青路面，水体用地类型。参考朱强等关于生态缓冲带宽度与功能关系的研究制定与交通线路距离、与居民点距离、与水系距离，给出距离因子的分级标准[58]。参考岳晨等的研究确定 NDVI 值的分级标准[59]。径流宽度因子使用自然断点法进行分级。各因子的

评价标准如表 2.2 所示。

　　运用层次分析法进行指标层与因子层权重的计算。利用指标层各指标构建判断矩阵，计算出判断矩阵的正特征值及特征向量，当判断矩阵的一致性分析结果小于 0.1，则将特征向量归一化得到各指标层（$D_j$）的权重。按照上述方法，分别构建不同指标层下的因子判断矩阵，即可获得该因子在对应指标层中所占的权重（$C_{ij}$），权重计算结果如表 2.3 所示。

表 2.3　水生态修复适宜性评价的权重值

| 评价指标层 | 指标层在评价中占权重 $D_j$ | 评价因子层 | 因子层占对应指标层权重 $C_{ij}$ |
|---|---|---|---|
| 地质构造指标 | 0.04 | 渗漏带 | 0.167 |
| | | 坡度 | 0.833 |
| 土壤径流指标 | 0.56 | 径流宽度 | 0.5 |
| | | 径流系数 | 0.5 |
| 人类干扰指标 | 0.13 | 与交通线路距离 | 0.25 |
| | | 与居民点距离 | 0.75 |
| 生态现状指标 | 0.27 | 水体距离 | 0.167 |
| | | NDVI | 0.833 |

### 3. 水生态修复适宜性评价结果

　　按照各因子的评价值，建立单个因子的分析图层，利用 ArcGIS 平台的地图代数模块对各单因子图层按照所占对应指标层权重（$C_{ij}$）进行叠加，最终得到各指标层适宜性评价结果。

　　由于坡度在地质构造指标中所占权重较高，且研究区内渗漏带分布面积少，影响小，故地质构造指标分析结果表现为：水生态修复适宜度评价低值主要分布于研究区南部山区，研究区的中部与北部评价值较高。根据表 2.2 的评价标准可知水生态修复适宜度越高评价值越低，故在地质构造指标方面研究区的南部山区适宜度优于其他区域。由径流宽度与径流系数因子构成的土壤径流指标评价结果的中、低评价值主要分布于南部山区的东南部，研究区的中部、北部也存在零散分布。在人类干扰指标评价中干扰度较高的区域主要位于研究区的中、北部居民点与交通线路附近，距离居民点与交通线路大于 200m 的区域水生态修复适宜度较高。研究区生态现状指标层评价值主要在 5 左右，中部偏北的位置由于人类活动强度大，故生态现状指标评价值较高，生态现状指标评价中水生态修复最适宜的区域主要零散分布于研究区北部。

根据公式（2-1）对指标层中各指标的适宜性评价结果进行加权求和处理，得到研究区水生态修复适宜性综合评价结果，研究区适宜性评价值处于 1.99 与 8.45 之间，各地块对应的评价值各不相同，地块离散度高，因此对适宜度评价值进行重分类，以降低各适宜性地块的离散度。

自然断点法是一种根据数值分布规律分级和分类的方法。统计数据都存在一些自然转折点、特征点，该方法利用这些点将所分析数据分成若干类，使类内差异最小，类间差异最大。基于 ArcGIS 平台使用自然断点法将水生态修复适宜性评价值进行分类，评价结果共分为 5 级，分别为非常适宜（1.99 ~ 4.42）、较适宜（4.42 ~ 5.24）、适宜（5.24 ~ 5.92）、较不适宜（5.92 ~ 6.63）、不适宜（6.63 ~ 8.45）。研究区水生态修复适宜性较好（评价值小于 5.24）的区域主要分布于南部山区，研究区中部、中北部的适宜性相对较差。统计显示韩仓河小流域范围内水生态修复适宜性较好的区域面积约为 25.33km²，占研究区总面积的 29.43%，评价结果为适宜、较不适宜、不适宜的区域面积占比分别为 25.82%、29%、15.75%。

## 2.3.3　修复韩仓河流域生态水系网络

水生态修复以构建韩仓河流域水系的网状结构为基础，恢复水系原有循环特征，优化水系生态系统景观格局，最大限度改善生态系统的生态流运行[60,61]。根据流域内景观格局特点构建符合流域水平生态过程的生态水网，增强水系与流域内其他生态景观要素之间的联系，流域的水生态韧性将得到整体提升。利用地理信息系统技术分析研究区景观格局，选择处于生态廊道上的关键水网进行优化，强化水系廊道的流通性，构建景观生态网络，形成生态水网，增强水生态韧性。

基于景观生态学"斑块-廊道-基质"理论对流域景观的生态源、生态廊道、生态节点、生态基质进行分析识别，掌握景观格局特点，形成景观生态网络。韩仓河小流域景观生态网络的构建过程如下。

### 1. 景观格局分析方法

生态流是反映生态系统中生态关系的物质、能量和信息等的功能流，其在空间中顺畅地流通运转是景观生态格局合理、稳定的基础[62]。生态流的运行需要克服来自不同景观要素的阻力来实现，这个过程常用累计耗费距离模型进行分析及模拟。基于 ArcGIS 平台上的空间分析模块中 cost distance 功能，计算每一个景观单元到达最近生态源的累计耗费距离，表明各景观类型的跨越阻力。累计耗费距离模型主要考虑的因子为生态源、距离和景观特征阻力，公式为：

$$A_i = \sum B_{ij} \times C_i \quad (i = 1,2,3,\cdots,n; j = 1,2,3,\cdots,n) \tag{2-2}$$

式中：$A_i$，第 $i$ 个景观组分到生态源的累计耗费值；$B_{ij}$，穿越第 $i$ 个景观组分到达第 $j$ 个生态源的空间距离；$C_i$，第 $i$ 个景观组分对生态流运行的阻力值；$n$ 为景观组分总数。

根据生态系统服务功能分类，以韩仓河小流域土地利用现状提取结果为基础，结合各土地利用类型生态服务功能价值，利用 ArGIS 对土地利用现状提取结果进行重新分类，将原建筑与居民区、厂房、开发中或近期开发、非铺砌土路面、混凝土或沥青路面土地利用类型合并为建筑用地景观类型，其他用地类型不进行合并，直接转化为对应的景观用地类型，韩仓河小流域景观用地分类为水体、林地、草地、耕地、建筑用地、未利用地等 6 类景观用地类型。以各景观用地类型的单位面积生态服务功能价值作为其阻力赋值（$C_i$）的标准。景观类型的生态服务功能价值越高，其生态功能越完善，生态流在其中的运行越流畅，其阻力值越低[63]。根据研究确定各景观类型的单位面积生态服务价值[64-66]。将韩仓河流域景观单位面积生态服务价值最高的景观类型阻力值设置为 1；反之，将单位面积生态服务价值最低的景观类型阻力值设置为 100。其他景观类型阻力值通过插值法获取，范围在 1～100，如表 2.4 所示。

## 2. 生态景观类型识别

生态源识别。生态学中，将以发挥自然生态功能为主、具有重要生态系统服务功能或生态环境脆弱的土地称为"生态源"[67]。这里将景观生态服务功能价值量高的景观类型斑块作为"生态源"。利用 ArcGIS 技术，将小流域内空间连续面积超过 $6 \times 10^5 \text{m}^2$ 的草地、林地与水体斑块作为生态源地。

生态廊道识别。生态廊道是相邻两个生态源之间的阻力低谷和最容易联系的低阻力通道，起到连通各个景观组分作用[68]。生态廊道一般由景观生态服务价值量高的林地、水体两类景观类型构成，可以增强各分割生态源以及重要斑块之间连通性，提升空间生态韧性。在 ArcGIS 软件中，选取生态源地以及设置景观类型的阻力值，使用空间分析的成本距离功能计算每个景观组分到最近生态源的累计耗费距离表面。通过 ArcGIS 的水文分析模块对累计耗费距离表面进行分析，提取生态源之间的连续阻力谷值，构建研究区生态廊道。

**表 2.4　韩仓河小流域不同景观用地类型划分及其阻力值**

| 景观类型 | 土地利用现状类型 | 单位面积生态功能服务价值/ [元/（hm²·年）] | 阻力值 |
|---|---|---|---|
| 水体 | 水面 | 99666.2 | 1 |
| 林地 | 林地 | 61799.6 | 37 |
| 草地 | 绿地与草地 | 25647.3 | 71 |
| 耕地 | 耕地 | 17361.9 | 79 |
| 建筑用地 | 建筑与居民区、厂房、开发中或近期开发、非铺砌土路面、混凝土或沥青路面 | −5372.1 | 100 |
| 未利用地 | 空地 | 3054.8 | 92 |

生态节点识别。生态节点一般位于生态廊道上的生态功能薄弱区域，对生态流运行状态起决定作用，对景观生态系统结构的连续性和系统功能完整性影响较大。依据景观要素连通性原理，提取生态廊道交汇处作为生态节点。韩仓河流域景观生态网络中共有 54 个生态节点，主要分布于水体、耕地和建筑用地景观中。

生态基质识别。生态基质在景观生态功能上十分重要，是廊道和节点的生态本底，是景观类型中面积占比最大、对景观控制作用最强的一类。韩仓河流域林地面积占比为 31.3%，因此，林地是韩仓河流域的生态基质。

**3. 构建生态水网系统**

根据韩仓河小流域的汇水区及水系与景观生态网络系统关系，生态源分属于不同的汇水区，廊道连通大部分汇水区。根据地理高程信息提取的水系反映了自然状态下最佳的水文循环路径，选择现有水系中生态功能薄弱的位置，按照提取水系路径进行疏通和拓宽，将强化生态廊道功能，提高生态源间生态流的运行顺畅度。

生态水网布局需要疏通水网结构，良好的水网连通性是保障系统生态流通畅的必要条件[69]。因此，需要对韩仓河流域内的水文特征进行分析，找到符合现状水系脉络，遵循地表水文循环路径、汇水区分布特点的网络结构，最终确定水网连通性布局具体路径。恢复水网连通性的主要方式是保护现状水系，疏通水系流通阻力节点，增强水系的生态廊道功能。

利用 ArcGIS 水文分析技术，根据 DEM 信息提取水系网络，提取的水系网络应符合自然水文循环过程，满足相应河网建设地形条件的特点，对其采取较少的人为干扰即可达到疏通水网连通性的效果。从水文分析提取的水系中选择河段构成生态水网，选择的河段应满足以下条件之一：连通现有水系与生态源地和位于研究区生态廊道路径上。根据上述条件确定河段，构成生态水网总长 55.33km。对符合生态水网布局的现存河道进行保留、疏通，目前无河道的生态水网位置，按照生态水网路径采取工程措施连通，需通过工程措施与现有水系、廊道连通的规划水系总 12 段，总长 6.9km。

### 2.3.4　韩仓河流域植被修复

为了解韩仓河流域植被现状及特征，对该流域植被多样性进行调查和评价。调查评价结果确定了韩仓河流域的优势种，用聚集度指数对韩仓河流域植被重要值排前列的优势种群空间分布格局进行分析。根据韩仓河流域水环境修复及规划成果，提出流域植被景观配置方案，优化韩仓河流域生态水文过程。

#### 1. 韩仓河流域植被多样性调查

韩仓河流域属于温带落叶阔叶林区，水、光、热分明，为流域内绿化植被的繁衍及生长提供了良好的气候条件。流域内植被分布较为集中的区域包括工业北路以北区域的农业种植区，旅游路以南的南部山区为乔灌木生长区。主要农作物包括冬小麦、玉米、谷子等，6 月冬小麦收割后，为提高土地利用率，多数农田播种产量高，生长周期短的玉米，9 月收获后继续耕种冬小麦。流域内植被还有朴树、构树等野生物种，国槐（*Sophora japonica* Linn.）、女贞（*Ligustrum lucidum* Ait.）、悬铃木（*Platanus acerifolia*）等乔木树种，扶芳藤（*Euonymus fortunei*）、小叶黄杨（*Buxus sinica* var. *parvifolia* M. Cheng）、小檗（*Berberis thunbergii* DC.）、紫叶小檗（*Berberis thunbergii* 'Atropurpurea'）等灌木树种，结缕草（*Zoysia japonica* Steud.）、萱草 [*Hemerocallis fulva*（L.）L.]、苜蓿（*Medicago Sativa* Linn.）等草本植物，万寿菊（*Tagetes erecta* L.）、鸡冠花（*Celosia cristata* L.）、一串红（*Salvia splendens Ker-Gawler*）等花卉植物。

通过样方框选法、克朗奎斯特分类系统归类，对韩仓河流域植被现状进行调查评估。按照"植物群落清查的主要内容、方法和技术规范"[70]，确定调查样地的设置原则和体系、群落清查的技术指标和方法、主要优势种生态属性的测定方法和规范。如图 2.6 所示为样方所在位置。

图 2.6　流域部分植被群落样方图片

样方的框选：在流域范围内布设 50 个样方，每个样方布设面积为 $0.01hm^2$ （10m×10m）；样方面积不包括硬质铺装，野生草本植物的季相性较强，采取多次定点调查，取平均值。选择有代表性的植被群落结构（除罕见种及外来入侵种）。以经十路为界划分为南北两部分，从北至南将流域依次划分入河口区、下游农田灌溉区、中游城市区、上游城市区和山地区，5 片区域由北至南依次选取 5、10、15、10 和 10 个样方。选取的样方位置如图 2.7 所示。

（1）流域植被科属种统计

根据实地调查的资料统计，对韩仓河流域内每种植物按照高等植物的克朗奎斯特分类系统进行科属的归类。统计结果如表 2.5 和表 2.6 所示，所调查的样方植物中，蔷薇科（Rosaceae）最多 12 属 18 种，其次是豆科（Leguminosae）9 属 9 种，禾本科（Gramineae）6 属 7 种，木樨科（Oleaceae）5 属 8 种，菊科（Compositae）5 属 5 种，以上为优势科。百合科（Liliaceae）4 属 4 种，松科

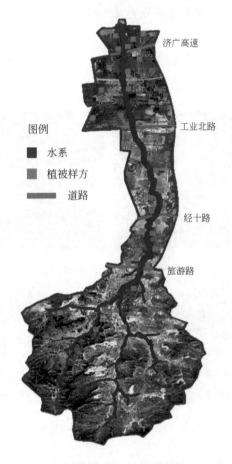

图 2.7　韩仓河流域植被调查样方分布图

（Pinaceae）、柏科（Cupressaceae）和小檗科（Berberidaceae）2 属 3 种，杨柳科
（Salicaceae）、旋花科（Convolvulaceae）、荨麻科（Urticaceae）、忍冬科（Caprifoliaceae）、紫葳科（Bignoniaceae）、唇形科（Labiatae）和胡桃科（Juglandaceae）
2 属 2 种。槭树科（Aceraceae）1 属 4 种，木兰科（Magnoliaceae）和卫矛科
（Celastraceae）1 属 3 种，黄杨科（Buxaceae）和葡萄科（Vitaceae）1 属 2 种，
以上为单属多种科，其余均为单属单种科。流域中有木本植物 84 种，占物种总
数的 73%；草本植物及花卉共 28 种，占物种总数的 24%；藤本植物相对较少，
仅 3 种，占物种总数的 3%。

**表 2.5　流域植被科属种统计结果**

| 编号 | 植物种类（科名） | 属数 | 占属总数/% | 种数 | 占种总数/% |
|---|---|---|---|---|---|
| 1 | 蔷薇科 Rosaceae | 12 | 12.90 | 18 | 15.65 |
| 2 | 豆科 Leguminosae | 9 | 9.68 | 9 | 7.83 |
| 3 | 木樨科 Oleaceae | 5 | 5.38 | 8 | 6.96 |
| 4 | 禾本科 Gramineae | 6 | 6.45 | 7 | 6.09 |
| 5 | 槭树科 Aceraceae | 1 | 1.08 | 4 | 3.48 |
| 6 | 百合科 Liliaceae | 4 | 4.30 | 4 | 3.48 |
| 7 | 松科 Pinaceae | 2 | 2.15 | 3 | 2.61 |
| 8 | 木兰科 Magnoliaceae | 1 | 1.08 | 3 | 2.61 |
| 9 | 柏科 Cupressaceae | 2 | 2.15 | 3 | 2.61 |
| 10 | 菊科 Compositae | 5 | 5.38 | 5 | 4.35 |
| 11 | 小檗科 Berberidaceae | 2 | 2.15 | 3 | 2.61 |
| 12 | 杨柳科 Salicaceae | 2 | 2.15 | 2 | 1.74 |
| 13 | 黄杨科 Buxaceae | 1 | 1.08 | 2 | 1.74 |
| 14 | 旋花科 Convolvulaceae | 2 | 2.15 | 2 | 1.74 |
| 15 | 卫矛科 Celastraceae | 1 | 1.08 | 3 | 2.61 |
| 16 | 荨麻科 Urticaceae | 2 | 2.15 | 2 | 1.74 |
| 17 | 忍冬科 Caprifoliaceae | 2 | 2.15 | 2 | 1.74 |
| 18 | 紫葳科 Bignoniaceae | 2 | 2.15 | 2 | 1.74 |
| 19 | 唇形科 Labiatae | 2 | 2.15 | 2 | 1.74 |
| 20 | 葡萄科 Vitaceae | 1 | 1.08 | 2 | 1.74 |
| 21 | 千屈菜科 Lythraceae | 1 | 1.08 | 1 | 0.87 |
| 22 | 苦木科 Simaroubaceae | 1 | 1.08 | 1 | 0.87 |
| 23 | 胡桃科 Juglandaceae | 2 | 2.15 | 2 | 1.74 |
| 24 | 凤仙花科 Balsaminaceae | 1 | 1.08 | 1 | 0.87 |
| 25 | 冬青科 Aquifoliaceae | 1 | 1.08 | 1 | 0.87 |
| 26 | 马鞭草科 Verbenaceae | 1 | 1.08 | 1 | 0.87 |
| 27 | 藜科 Chenopodiaceae | 1 | 1.08 | 1 | 0.87 |
| 28 | 山茱萸科 Cornaceae | 1 | 1.08 | 1 | 0.87 |
| 29 | 漆树科 Anacardiaceae | 1 | 1.08 | 1 | 0.87 |
| 30 | 苋科 Amaranthaceae | 1 | 1.08 | 1 | 0.87 |
| 31 | 楝科 Meliaceae | 1 | 1.08 | 1 | 0.87 |
| 32 | 无患子科 Sapindaceae | 1 | 1.08 | 1 | 0.87 |

| 编号 | 植物种类（科名） | 属数 | 占属总数/% | 种数 | 占种总数/% |
|------|----------------|------|-----------|------|-----------|
| 33 | 桑科 Moraceae | 1 | 1.08 | 1 | 0.87 |
| 34 | 蜡梅科 Calycanthaceae | 1 | 1.08 | 1 | 0.87 |
| 35 | 马齿苋科 Portulacaceae | 1 | 1.08 | 1 | 0.87 |
| 36 | 美人蕉科 Cannaceae | 1 | 1.08 | 1 | 0.87 |
| 37 | 锦葵科 Malvaceae | 1 | 1.08 | 1 | 0.87 |
| 38 | 榆科 Ulmaceae | 1 | 1.08 | 1 | 0.87 |
| 39 | 茄科 Solanaceae | 1 | 1.08 | 1 | 0.87 |
| 40 | 七叶树科 Hippocastanaceae | 1 | 1.08 | 1 | 0.87 |
| 41 | 芍药科 Paeoniaceae | 1 | 1.08 | 1 | 0.87 |
| 42 | 鼠李科 Rhamnaceae | 1 | 1.08 | 1 | 0.87 |
| 43 | 石榴科 Punicaceae | 1 | 1.08 | 1 | 0.87 |
| 44 | 柿科 Ebenaceae | 1 | 1.08 | 1 | 0.87 |
| 45 | 杉科 Taxodiaceae | 1 | 1.08 | 1 | 0.87 |
| 46 | 鸢尾科 Iridaceae | 1 | 1.08 | 1 | 0.87 |
| 47 | 悬铃木科 Platanaceae | 1 | 1.08 | 1 | 0.87 |
| 48 | 银杏科 Ginkgoaceae | 1 | 1.08 | 1 | 0.87 |
| | 总计 | 93 | 100.00 | 115 | 100.00 |

**表 2.6　流域植被科统计结果**

| 种数 | 科数 | 占总科数/% |
|------|------|-----------|
| 10 种以上 | 1 | 2.1 |
| 6~10 种 | 3 | 6.3 |
| 2~5 种 | 17 | 35.4 |
| 单种科 | 27 | 56.3 |
| 总计 | 48 | 100 |

（2）流域植被群落的垂直结构

韩仓河流域样地植物群落的垂直结构复杂，成层现象明显。人工绿地可分为乔木层、灌木层和地被层三个基本层次，还有攀援藤本植物。其中，乔木层可分为大中型乔木和小乔木。大中型乔木主要以女贞（*Ligustrum lucidum* Ait.）、悬铃木（*Platanus acerifolia* L.）、白皮松（*Pinus bungeana* Zucc. et Endi）、百日红

（*Lagerstroemia indica* L.）、日本晚樱 ［*Prunus serrulata* var. *lannesiana*（Carri.）Makino］、雪松 ［*Cedrus deodara*（Roxb.）G. Don］、紫叶李 ［*Prunus Cerasifera Ehrhart* f. atropurpurea（Jacq.）Rehd.］、国槐（*Sophora japonica* L.）、银杏（*Ginkgo biloba* L.）为主，经济树种包含山楂（*Crataegus pinnatifida* Bge.）、柿树（*Diospyros kaki* Thunb.）等。小乔木以紫荆（*Cercis chinensis* Bunge）、黄栌（*Cotinus coggygria* Scop.）、刚竹 ［*Phyllostachys sulphurea*（Carr.）A. 'Viridis'］、鸡爪槭（*Acer palmatum* Thunb.）为主。灌木以扶芳藤 ［*Euonymus fortune*（Turcz.）Hand.-Mazz］、石楠（*Photinia serratifolia* Lindl.）、小檗（*Berberis thunbergii* DC.）、月季（*Rosa chinensis* Jacq.）、紫叶小檗（*Berberis thunbergii* var. *atropurpurea Chenault*）、小叶黄杨（*Buxus sinica* var. *parvifolia* M. Cheng）为主。草本植物及花卉以萱草 ［*Hemerocallis fulva*（L.）L.］、结缕草（*Zoysia japonica* Steud.）、凤仙花（*Impatiens balsamina* L.）、葎草 ［*Humulus scandens*（Lour.）Merr.］ 为主。藤本植物包含五叶地锦 ［*Parthenocissus quinquefolia*（L.）Planch.］、凌霄 ［*Campsis grandiflora*（Thunb.）Schum.］ 和爬山虎 ［*Parthenocissus tricuspidata*（S. Et Z.）Planch.］。其中，在流域内河岸及水系周围，芦苇 ［*Phragmites communis*（Cav.）Trin. ex Steud］、唐菖蒲（*Gladiolus gandavensis* Vaniot Houtt）等湿地植物广泛分布。在经十路以南地区及小清河入河口附近发现许多野生小乔木、灌木和草本植物，如构树 ［*Broussonetia papyrifera*（L.）L、Herit ex Vent.］、荆条 ［*Vitex negundo* L. var. heterophylla（Franch.）Rehd.］、地肤 ［*Kochia scoparia*（L.）Schrad.］、苍耳（*Xanthium sibiricum* L.）、蒲公英（*Taraxacum mongolicum* Hand.-Mazz.）等。

流域典型样地植被群落的垂直结构为：乔木层植被为毛白杨、悬铃木、雪松、国槐、百日红、白皮松、紫荆；灌木层为月季、石楠、大叶黄杨、金边黄杨、小叶女贞、扶芳藤、紫叶小檗；草本植物为狗牙根和萱草。样地中乔木覆盖率高达80%以上，优势种为百日红和白皮松。

在所有的50个植被样方内，有8个样方的植被群落没有大型乔木层植被，主要集中在干流的中下游，说明韩仓河流域中下游的生态群落结构亟待完善。

（3）植被群落数量特征

韩仓河流域植被数量特征以多度、频度、盖度、相对多度、相对频度、相对盖度、相对显著度和重要值进行表征，重要值和多样性的计算方法为：①重要值的计算，乔木层：重要值＝（相对多度＋相对频度＋相对显著度）/3；灌木（重要值）＝（相对盖度+相对高度+相对密度）/3，草本（重要值）＝（相对密度+相对盖度+相对频度）/3。②多样性测度方法：采用 Simpson（$D$）多样性指数、Shannon-Wiener（$H$）多样性指数、Pielou（$J$）均匀度指数作为生物群落多样性指标。

重要值作为一个综合数量指标，可以呈现物种在群落中的地位，能反映种群中的优势物种组成。不同植被重要值排序为：大中型乔木按重要值由高到低排序前 10 依次为悬铃木（0.065）、百日红（0.064）、日本晚樱（0.063）、女贞（0.059）、白皮松（0.050）、紫叶李（0.046）、雪松（0.041）、国槐（0.039）、圆柏（0.038）、银杏（0.037）；小乔木按重要值由高到低排列前 5 依次为构树（0.256）、紫荆（0.111）、鸡爪槭（0.107）、刚竹（0.099）、黄栌（0.097）；灌木按重要值由高到低排序位于前列的依次为扶芳藤（0.139）、石楠（0.098）、小檗（0.081）、月季（0.057）、紫叶小檗（0.057）、金边黄杨（0.040）、小叶黄杨（0.037）；重要值较高的草本种类依次为狗牙根（0.186）、萱草（0.177）、结缕草（0.112）；重要值较高的草本花卉依次为鸡冠花（0.170）、玉簪（0.154）、凤仙花（0.125）、万寿菊（0.119）。

（4）流域植被多样性分析

运用 Simpson 多样性指数（优势度指数，$D$）、Shannon-Wiener 多样性指数（$H$）、Pielou 均匀度指数（$J$），分别计算所调查的 50 个样方的植被多样性。由表 2.7 可知，流域内各样方的香农多样性指数、辛普森多样性指数和 Pielou 均匀度指数范围分别在 1.432～2.730、0.692～0.929、0.161～0.320。香农多样性的平均值为 1.971，其中 46% 的样地高于平均值，辛普森多样性平均值为 0.833，其中 56% 的样地高于或等于平均值，Pielou 均匀度平均值为 0.246，其中 52% 的样地高于平均值。

表 2.7　韩仓河流域各样方植被多样性指数统计

| 植被样方指数 | $H$ | $D$ | $J$ |
| --- | --- | --- | --- |
| 均值 | 1.971 | 0.833 | 0.246 |

（5）不同用地类型的植被多样性评价

根据所选取样方的地理位置以及植被类型，可将样方划分为河堤绿地、游园绿地、农田绿地、湿地 4 种类型。

　　将各样地类型内的数据取平均值，得出各多样性指数与取样区域关系的柱状图（图 2.8），从图 2.8 可知，游园绿地环境比其他样地类型显示出更高的物种丰富度、多样性和均匀度，其次是河堤绿地、湿地以及农田绿地。其中，游园绿地的香农多样性指数、辛普森多样性指数和均匀度指数分别为 2.431、0.898 和 0.266，为各样地类型之最。

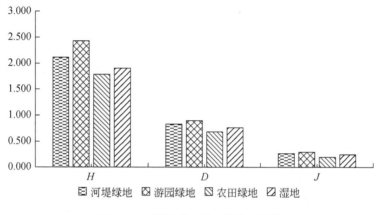

图 2.8　不同取样区域多样性平均值

　　游园绿地中多以人工栽植的乔灌木为主，且植被种类丰富，植物群落层次明显，形成了良好的色相和季相交替；河堤绿地经过园林市政多年的改造，生态环境逐渐趋于稳定；农田绿地多以农作物种植为主，因此植被的丰富度和多样性最小。湿地中原有的野生水生植物所占比例极小，多数水生植物为人工栽植且种类单一，其中芦苇栽植的比例最高，占 60% 以上，因此湿地环境的植被丰富度和多样性均不足。湿地大面积栽植单一植被会对湿地内其他植物的生长产生抑制作用，造成植被均匀度低下。

　　（6）流域植被优势种

　　实地调查要求优势乔灌树种上方基本无遮阴，邻近树木稀疏的乔灌草三层种植模式。调查植被生长期相近、长势优良，无病虫害。按照韩仓河流域植被重要值排名，确定 15 种植物为韩仓河流域的优势物种，优势种均为济南市多年栽植的乡土树种，为流域植被过程修复提供物种选用名录。其中大中型乔木有悬铃木、女贞、白皮松、百日红、日本晚樱、雪松、紫叶李，小乔木有构树、紫荆、鸡爪槭，落叶灌木有扶芳藤、石楠、小檗，草本及花卉植物有狗牙根、萱草（表 2.8）。

表 2.8　优势植被统计名录

| 类型 | 序号 | 植物名称 | 拉丁学名 | 代码 | 科属 |
|---|---|---|---|---|---|
| 大中型乔木 | 1 | 悬铃木 | *Platanus acerifolia* | *Plac* | 悬铃木科悬铃木属 |
|  | 2 | 女贞 | *Ligustrum lucidum* | *Lilu* | 木犀科女贞属 |
|  | 3 | 白皮松 | *Pinus bungeana* | *Pibu* | 松科松属 |
|  | 4 | 百日红 | *Lagerstroemia indica* | *Lain* | 千屈菜科紫薇属 |
|  | 5 | 日本晚樱 | *Prunus serrulata var. lannesiana* | *Prla* | 蔷薇科樱属 |
|  | 6 | 雪松 | *Cedrus deodara* | *Cede* | 松科雪松属 |
|  | 7 | 紫叶李 | *Prunus Cerasifera* | *Prce* | 蔷薇科李属 |
| 小型乔木 | 8 | 构树 | *Broussonetia papyrifera* | *Brpa* | 桑科构属 |
|  | 9 | 紫荆 | *Cercis chinensis* | *Cech* | 豆科紫荆属 |
|  | 10 | 鸡爪槭 | *Acer palmatum* Thunb. | *Acth* | 槭树科槭属 |
| 落叶灌木 | 11 | 扶芳藤 | *Euonymus fortunei* | *Eufo* | 卫矛科卫矛属 |
|  | 12 | 石楠 | *Photinia serratifolia* | *Phse* | 蔷薇科石楠属 |
|  | 13 | 小檗 | *Berberis thunbergii* DC. | *Beth* | 小檗科小檗属 |
| 草本 | 14 | 狗牙根 | *Cynodon dactylon*（L.）Pers. | *Cype* | 禾本科狗牙根属 |
|  | 15 | 萱草 | *Hemerocallis fulva*（L.）L. | *Hefu* | 百合科萱草属 |

优势种的株高、冠幅等基本平均指标如表 2.9 所示，其中，株高是指植株主干地面处到顶部的长度，其中顶部特指主茎的顶端。冠幅是指植物的横向的最大宽度，类似蓬径。胸径是指离地面 1m 处的直径，地径指土迹处的直径，胸径用于乔木树种，地径用于灌木树种。分枝为点状栽植的乔木自地下萌生的干枝数以及灌木树种每丛基部的分枝数。丛数为丛片植的灌木树种及草本植物在单位面积（1m²）栽植的丛数。

表 2.9　优势植被基本指标

| 植物名称 | 平均株高/m | 平均冠幅/m | 平均胸径/地径/cm | 分枝数 | 丛数 |
|---|---|---|---|---|---|
| 悬铃木 | 7.55 | 5.05 | 14.82 | 4 | — |
| 女贞 | 3.08 | 2.87 | 8.82 | 5 | — |
| 白皮松 | 6.11 | 1.79 | 9.55 | 13 | — |
| 百日红 | 1.82 | 0.95 | 7.96 | 8 | — |
| 日本晚樱 | 3.78 | 1.81 | 8.44 | 7 | — |
| 雪松 | 7.56 | 3.33 | 10.85 | 18 | — |
| 紫叶李 | 3.49 | 2.1 | 11.15 | 11 | — |

| 植物名称 | 平均株高/m | 平均冠幅/m | 平均胸径/地径/cm | 分枝数 | 丛数 |
|---|---|---|---|---|---|
| 构树 | 0.68 | 0.62 | 0.59 | 12 | — |
| 紫荆 | 1.68 | 0.9 | 2.56 | 9 | — |
| 鸡爪槭 | 1.8 | 1.8 | 7.32 | 8 | — |
| 扶芳藤 | 0.79 | 0.94 | 2.69 | — | 3 |
| 石楠 | 0.8 | 1.12 | 2.81 | — | 2 |
| 小檗 | 0.64 | 0.87 | 1.36 | — | 3 |
| 狗牙根 | 0.33 | — | — | — | 5 |
| 萱草 | 0.37 | — | — | — | 8 |

（7）韩仓河流域优势物种空间分布分析

常见的空间分布包括随机分布、聚集分布、平均分布格局等，这里运用聚集度指数对韩仓河流域植被重要值排前列的优势种群空间分布进行分析。采用扩散系数（$C$；$t$ 检验法）、丛生指数（$I$）、平均拥挤度（$M^*$）、Cassie R. M. 指数（$C_a$）、Lloyd 聚块性指数（$M^*/M$）、负二项参数（$K$）等 6 种指标判别优势种群的聚集程度。

①扩散系数（$C$）

$$C = \frac{S^2}{\overline{X}} \tag{2-3}$$

式中，$C$ 为扩散系数；$S^2$ 为样本方差；$\overline{X}$ 为样本平均数。当 $C=0$ 时空间格局表现为均匀分布；当 $C>1$ 时聚集分布；当 $C=1$ 时为随机分布。该值采用 $t$ 检验法进行显著性检验。

②丛生指数（$I$）

$$I = S^2/\overline{X} - 1 \tag{2-4}$$

式中，$I$ 为丛生指数；当 $I>0$ 时为聚集分布；当 $I<0$ 时为均匀分布；当 $I=0$ 时为随机分布。

③Lloyd 平均拥挤度（$M^*$）和聚块性指数（$M^*/M$）

$$M^* = \frac{\sum X_i^2}{\sum X_i} - 1 = \overline{X} + \frac{S^2 - \overline{X}}{\overline{X}} \tag{2-5}$$

式中，$M^*$ 为平均拥挤度；$\overline{X}$ 为出现的株数；$M$ 为样本总体平均值。当 $M^*/M>1$ 时为聚集分布；当 $M^*/M<1$ 时为均匀分布；当 $M^*/M=1$ 时为随机分布。

④Cassie R. M. 指数（$Ca$）

$$Ca = \frac{S^2 - \overline{X}}{\overline{X}^2} \quad (2-6)$$

式中，$Ca$ 为 Cassie 指标系数；当 $Ca>0$ 时呈聚集分布；当 $Ca<0$ 时呈均匀分布；当 $Ca=0$ 时呈随机分布。

⑤负二项参数（$K$）

$$K = \frac{\overline{X}^2}{S^2 - \overline{X}} \quad (2-7)$$

式中，$K$ 为负二项参数；且 $K$ 值越小，种群聚集程度越强。

表 2.10 反映了韩仓河流域不同类型植被重要值排在前列的优势种群空间分布情况，根据 6 项聚集度指标可判定，优势种均表现为聚集分布。通过对扩散系数 $C$ 进行 $t$ 检验得知，聚集度最强的植被为扶芳藤，女贞、扶芳藤、狗牙根、萱草（$P<0.01$），以上植被在流域内分布广泛，其多度系数也较高，植被数量占流域植被调查总数的 32.1%，在优势种中占比可达 67.8%；白皮松、百日红、日本晚樱、紫叶李、构树、石楠、小檗的聚集强度较为明显（$P<0.05$），这 7 个种在流域范围内的种群分布数量均较多，聚集强度也明显高于流域内其他植被物种。而悬铃木、雪松、紫荆、鸡爪槭 4 个优势种的聚集强度最低。

**表 2.10　韩仓河流域优势物种空间分布指标**

| 种名 | 均值 | 方差 | $S^2/X$ | $t$ | $K$ | $M^*$ | $M^*/M$ | $Ca$ | $I$ | 类型 |
|---|---|---|---|---|---|---|---|---|---|---|
| Plac | 3.400 | 5.040 | 1.482 | 3.029 | 7.049 | 3.882 | 1.142 | 0.142 | 0.482 | $P$ |
| Lilu | 5.000 | 11.600 | 2.320 | 2.936 ** | 3.788 | 6.320 | 1.264 | 0.264 | 1.320 | $P$ |
| Pibu | 4.400 | 9.440 | 2.145 | 2.864 * | 3.841 | 5.545 | 1.260 | 0.260 | 1.145 | $P$ |
| Lain | 5.286 | 9.633 | 1.822 | 4.172 * | 6.427 | 6.108 | 1.156 | 0.156 | 0.822 | $P$ |
| Prla | 4.857 | 8.694 | 1.790 | 4.035 * | 6.149 | 5.647 | 1.163 | 0.163 | 0.790 | $P$ |
| Cede | 2.750 | 4.188 | 1.523 | 2.328 | 5.261 | 3.273 | 1.190 | 0.190 | 0.523 | $P$ |
| Prce | 6.000 | 10.667 | 1.778 | 2.598 * | 7.714 | 6.778 | 1.130 | 0.130 | 0.778 | $P$ |
| Brpa | 7.500 | 21.583 | 2.878 | 3.61 * | 3.994 | 9.378 | 1.250 | 0.250 | 0.878 | $P$ |
| Cech | 4.000 | 6.000 | 1.500 | 2.309 | 8.000 | 4.500 | 1.125 | 0.125 | 0.500 | $P$ |
| Acth | 3.667 | 6.222 | 1.697 | 2.079 | 5.261 | 4.364 | 1.190 | 0.190 | 0.697 | $P$ |
| Eufo | 29.000 | 164.00 | 5.655 | 13.92 ** | 6.230 | 33.655 | 1.161 | 0.161 | 4.655 | $P$ |
| Phse | 11.857 | 29.551 | 2.492 | 4.343 * | 7.946 | 13.349 | 1.126 | 0.126 | 1.492 | $P$ |
| Beth | 15.500 | 45.917 | 2.962 | 5.115 * | 7.899 | 17.462 | 1.127 | 0.127 | 1.962 | $P$ |

| 种名 | 均值 | 方差 | $S^2/X$ | $t$ | $K$ | $M^*$ | $M^*/M$ | $Ca$ | $I$ | 类型 |
|------|------|------|---------|-----|-----|-------|---------|------|-----|------|
| *Cype* | 22.143 | 108.122 | 4.883 | 11.67** | 5.703 | 26.026 | 1.175 | 0.175 | 3.883 | $P$ |
| *Hefu* | 30.000 | 141.833 | 4.728 | 8.355** | 8.048 | 33.728 | 1.124 | 0.124 | 3.728 | $P$ |

注：*$P<0.05$，**$P<0.01$。

（8）优势种间关联性评价

采用 Spearman 秩相关系数法比较优势种群间的关联性。结果如表 2.11 所示，相关分析结果表明，有 8 组种对间的秩相关系数呈极显著关联（$P<0.01$），其中女贞和构树、女贞和小檗、白皮松和小檗、百日红和石楠、小檗和萱草呈极显著正相关；构树和狗牙根、石楠和小檗、狗牙根和萱草呈极显著负相关；白皮松和小檗的正相关程度最强，相关系数达到 0.662；构树和狗牙根的负相关程度最强，相关系数达到 -0.979；此外，包括悬铃木和白皮松等 44 个种对之间的秩相关系数呈显著正相关（$P<0.05$）；共有 4 个种对间的秩相关系数呈显著负相关（悬铃木和扶芳藤，-0.391；雪松和狗牙根，-0.341；雪松和萱草，-0.292；紫荆和扶芳藤，-0.398）（$P<0.05$），其余种对之间的关联性较小，相关性不显著。

2. 流域植被景观优化配置方案

廊道植被配置主要以韩仓河流域优势物种为主，并结合济南市多年生乡土物种。乔木层：悬铃木、栾树、银杏、日本晚樱、女贞、紫叶李、垂柳、鸡爪槭、木槿等；灌木：石楠、小檗、扶芳藤、金银木、连翘等；草坪地被：狗牙根、萱草、结缕草等。植物配置参考见表 2.12。

悬铃木和女贞、栾树和紫叶李、白蜡和鸡爪槭均采用成行规则种植，行间混交，株行距为 3.0m×3.0m。女贞和棣棠、紫叶李和石楠、木槿和扶芳藤采用行间混交，株行距为 2.0m×2.0m，垂柳均种植于护坡或堤岸外侧，紧邻河流蓝线，株距设为 3m；植物的搭配、株行间距均参照园林植物造景理论基础。根据园林绿化苗木冠幅统计，成熟期大中型乔木平均冠幅可达 2.5m 及以上，小乔木约为 1.5m；由此计算出乔木所占的绿地面积比例介于 23% ~ 50.3%，平均占比为 34.3%。

在韩仓河生态廊道的配置中，需适当加大种植密度。通过乔、灌、草的结合，使河道景观高低错落有致，这样不仅呈现出丰富的色相变化，同时提升两岸的植被覆盖度；在旅游路至经十路段，栾树春红叶、夏黄花、秋红果、金银木春

表2.11　韩仓河流域植被优势种群关联性

| | Plac | Lilu | Pibu | Lain | Prla | Cede | Prce | Brpa | Cech | Acth | Eufo | Phse | Beth | Cype |
|---|---|---|---|---|---|---|---|---|---|---|---|---|---|---|
| Lilu | 0.639 | | | | | | | | | | | | | |
| Pibu | 0.699* | 0.635* | | | | | | | | | | | | |
| Lain | 0.731 | 0.717* | 0.443 | | | | | | | | | | | |
| Prla | 0.715 | 0.697* | 0.436* | 0.374* | | | | | | | | | | |
| Cede | 0.892 | 0.752 | 0.812* | 0.359* | -0.461 | | | | | | | | | |
| Prce | 0.654* | 0.882* | 0.219* | 0.639 | 0.797 | 0.635* | | | | | | | | |
| Brpa | 0.575 | 0.286** | 0.677 | 0.822* | 0.379 | 0.637 | 0.619 | | | | | | | |
| Cech | 0.519* | 0.721 | -0.484 | 0.544 | 0.351* | 0.495 | 0.633 | 0.572 | | | | | | |
| Acth | 0.967* | 0.866* | 0.714* | 0.793 | 0.196* | 0.58 | 0.527* | 0.367 | 0.172* | | | | | |
| Eufo | -0.391* | 0.414* | 0.772* | 0.586 | 0.268 | 0.436 | 0.648 | 0.973 | 0.398* | 0.549 | | | | |
| Phse | 0.743 | 0.787 | 0.685 | 0.359* | 0.739* | 0.773 | 0.709* | 0.967* | 0.679 | 0.807* | 0.606 | | | |
| Beth | 0.64 | 0.582** | 0.662** | 0.477* | 0.753* | 0.675 | 0.821* | 0.989* | 0.753* | 0.574 | 0.537* | -0.634** | | |
| Cype | -0.417 | 0.426* | 0.785 | 0.507 | 0.769 | -0.341* | 0.567 | -0.979** | -0.457 | 0.223 | 0.463* | 0.917* | 0.765* | |
| Hefu | -0.455 | 0.335* | 0.398* | 0.335 | 0.542 | -0.292* | -0.493 | 0.981* | -0.377 | 0.746 | 0.396* | 0.434* | 0.379** | -0.878** |

注：* $P<0.05$，** $P<0.01$。种名代码参考表7.1。

**表 2.12　廊道规划植物配置参数**

| 乔木种类 | 行数 | 灌木丛 | 行数 | 草坪/地被 |
|---|---|---|---|---|
| 栾树 | 3 | 小檗/石楠/金银木 | 3 | 结缕草<br>狗牙根<br>萱草<br>（群落式种植） |
| 女贞 | 6 | | | |
| 垂柳 | 1 | | | |
| 悬铃木 | 1 | 石楠/小叶黄杨/连翘 | 1 | |
| 紫叶李 | 2 | | | |
| 垂柳 | 1 | | | |
| 银杏 | 3 | 扶芳藤/紫叶小檗 | 3 | |
| 鸡爪槭 | 5 | | | |
| 垂柳 | 1 | | | |

末夏初百花盛开；经十路至世纪大道段规划的紫叶李和连翘，以及飞跃大道至工业北路段规划的银杏、鸡爪槭和紫叶小檗均可呈现出丰富的色相变化。

植物的选择不仅需要景观上的季节色相变化，固土护坡等生态措施同样重要。植被发达的根系可显著提高堤岸的抗冲击能力，增强稳定性。三处河段岸边乔木全部选用垂柳，垂柳成群落式栽植时可增强岸滩 20～50cm 厚的土层的抗蚀性能力；此外，草本植物如狗牙根能显著提高地表植被覆盖率，提高土壤的渗透性，增强蓄水保土的效益[71]。

## 2.4　小　结

济南市水生态环境水系和植被耦合形成的水生态系统，需要修复河流水系统和生态系统的连通性，形成具有生态韧性的水生态网。

在流域植被优势种的评价基础上进行流域植被过程的修复，形成具有耦合效应的流域水生态修复方案。

### 参　考　文　献

[1] 中共中央文献研究室 . 习近平关于全面建成小康社会论述摘编 . 北京：中央文献出版社，2016：164.

[2] A. 奈斯，雷毅 . 浅层生态运动与深层、长远生态运动概要 . 世界哲学，1998，（4）：63-65.

［3］刘福森．中国人应该有自己的生态伦理学．吉林大学社会科学学报，2011，51（6）：12-
19，155.

［4］王琳．城市河道与黑臭水体治理．北京：科学出版社，2018.

［5］汪德华．中国城市规划史．南京：东南大学出版社，2014.

［6］许继清，韦峰，胡泊．黄泛平原古城"环城湖"与城市防洪减灾．人民黄河，2011，33
（9）：3-4.

［7］梁晓晨．明清上津古城空间形态的演变研究．武汉：华中科技大学，2019.

［8］高殿琪．济南地区地下水研究．济南城市规划与建设．济南：山东人民出版社，1989：
209-213.

［9］党明德，林吉铃．济南百年城市发展史——开埠以来的济南．济南：齐鲁书社，2004.

［10］冯一凡，李翅．适应水文环境的济南古城人居环境营建智慧探析．人民城市，规划赋
能——2022中国城市规划年会论文集（07城市设计）．北京：中国城市规划协会，
2023.9.23：1456-1464.

［11］陆敏．济南水文环境的变迁与城市供水．中国历史地理论丛，1997，（3）：105-116.

［12］吴庆洲．论北京暴雨洪灾与城市防涝．中国名城，2012，（10）：4-13.

［13］曾巩．齐州北水门记．北宋．

［14］付喜娥．绿色基础设施规划及对我国的启示．城市发展研究，2015，（4）：52-58.

［15］Ingwer de Boer．给河流空间——欧洲莱茵河洪水管理经验．人民黄河，2012，10.

［16］Bennett G. Integrating biodiversity conservation and sustainable use, lessons learnt from
ecological networks. IUCN Gland, Switzerland, 2004.

［17］Bennett G, Wit P. The development and application of ecological networks, a review of
proposals. Lessons learnt from ecological networks. IUCN/AIDEnvironment, Amsterdam, 2001.

［18］Poole G C. Fluvial landscape ecology：addressing uniqueness within the river discontinuous.
Freshwater Biology, 2002, 47（4）：64-660.

［19］Abry P, Baraniuk R, Flandrin P, et al. The multiscale nature of network traffic：discovery,
analysis, and modeling. IEEE Signal Processing Magazine, 2002, 19（3）：28-46.

［20］Bennett A F. Linkages in the landscape：the role of corridors and connectivity in wildlife conser-
vation. U. K.：Switzerland and Cambridge, IUCN, 2003.

［21］Keitt T H, Urban D L, Milne B T. Managing fragmented landscapes：a macroscopic approach.
Conservation Ecology, 1997, 1（1）：4.

［22］Bunn A G, Urban D L, Keitt T H. Landscape connectivity：a conservation application of graph
theory. Journal of Environmental Management, 2000, 59：265-278.

［23］Urban D, Keitt T. Landscape connectivity：a graph-theoretic perspective. Ecology, 2001, 82
（5）：1205-1218.

[24] Ignatieva M, Stewart G, Meurk C. Planning and design of ecological networks in urban areas. Landscape Ecol Eng. , 2017, (1): 17-25.

[25] Merriam H G. Connectivity: a fundamental ecological characteristic of landscape patterns. In: Brandt J, Agger P. Proceedings of the 1st International Seminar on Methodology in Landscape Ecological Research and Planning Denmark: Roskilde University, 1984.

[26] 于钦. 《齐乘》卷二. 元代.

[27] 山东省地方史地编纂委员会. 1996.

[28] 林琳, 李福林, 陈学群, 等. 小清河河道历史演变与径流时空分布特征. 人民黄河, 2013, 35 (12): 77-82.

[29] J G Fábos. Greenway planning in the United States: its origins and recent case studies. Landscape and Urban Planning. 2004, 68 (2-3): 321-342.

[30] 金凤君. 基础设施与人类生存环境之关系研究. 地理科学进展, 2001, 20 (3): 275-284.

[31] Bennettaf. Habitat corridors and the conservation of small mammals in a fragmented forest environment. Landscape Ecology, 1990, 4 (2): 109-122.

[32] Ahern J. Greenways in the USA: theory, trends and prospects. http: //people. umass. edu/jfa/ pdf/Greenways. pdf (Accessed 12 Sep 2009).

[33] 张继平, 刘朝柱, 商扬. 小清河: 我的 1964 记忆和 2011 点评. 走向世界, 2011, (30): 22-24.

[34] 田家怡, 慕金波, 王安德, 等. 山东小清河流域水污染问题与水质管理研究. 北京: 中国石油大学出版社, 1996.

[35] 张昭睿, 陆伯强, 王福栋. 小清河综合治理成效评价与对策研究. 济南: 山东科学技术出版社, 2003. 5.

[36] 王江海, 于卫红, 邱妍妍, 等. 济南市污水专项规划中若干问题探讨. 中国给水排水, 2021, 37 (18): 29-34.

[37] 程国栋, 李新. 流域科学及其集成研究方法. 中国科学: 地球科学, 2015, 45 (06): 811-819.

[38] 张凌格, 胡宁科. 内陆河流域生态系统服务研究进展. 陕西师范大学学报 (自然科学版), 2022, 50 (04): 1-12.

[39] 白军红, 张玲, 王晨, 等. 流域生态过程与水环境效应研究进展. 环境科学学报, 2022, 42 (01): 1-9.

[40] 陈能汪, 王龙剑, 鲁婷. 流域生态系统服务研究进展与展望. 生态与农村环境学报, 2012, 28 (02): 113-119.

[41] Schaeffer A, 陈忠礼, Ebel M, 等. 植物在修复、固定和重建水生、陆生生态系统中的应用. 重庆师范大学学报 (自然科学版), 2012, 29 (03): 1-3.

[42] 曾琳. 区域发展对生态系统的影响分析模型及其应用. 北京：清华大学, 2015.

[43] 敦越, 杨春明, 袁旭, 等. 流域生态系统服务研究进展. 生态经济, 2019, 35 (07)：179-183.

[44] 杨京平, 卢剑波. 生态恢复工程技术. 北京：化学工业出版社, 2002, 207-208.

[45] 田义超, 白晓永, 黄远林, 等. 基于生态系统服务价值的赤水河流域生态补偿标准核算. 农业机械学报, 2019, 50 (11)：312-322.

[46] 刘铁军. 内蒙古荒漠草原小流域生态水文过程研究. 呼和浩特：内蒙古大学, 2018.

[47] 温远光, 刘世荣. 我国主要森林生态系统类型降水截留规律的数量分析. 林业科学, 1995, (04)：289-298.

[48] 刘昌明, 夏军, 郭生练, 等. 黄河流域分布式水文模型初步研究与进展. 水科学进展, 2004, (04)：495-500.

[49] 陈军锋, 李秀彬. 土地覆被变化的水文响应模拟研究. 应用生态学报, 2004, (05)：833-836.

[50] Han D D, Deng J C, Gu C J, et al. Effect of shrub-grass vegetation coverage and slope gradient on runoff and sediment yield under simulated rainfall. International Journal of Sediment Research, 2020, 36 (1)：29-37.

[51] Nunes A N, De Almeida A C, Coelho C O A. Impacts of land use and cover type on runoff and soil erosion in a marginal area of Portugal. Appl. Geogr, 2011, 31 (2)：687-699.

[52] 田洪水, 陈启辉. 济南市区的地基土层及地基适宜性评价. 水文地质工程地质, 2009, 36 (5)：49-52.

[53] 李明阳, 汪辉, 张密芳, 等. 基于景观安全格局的湿地公园生态适应性分区优化研究. 西南林业大学学报, 2015, 35 (5)：52-57.

[54] 江中秒. 土地生态适宜性分析与评价的实践应用研究. 北京：北京林业大学, 2006.

[55] 王忆梅, 唐晓岚, 周孔飞. "千层饼" 分析下的城市公园景观形成研究——以合肥市庐阳公园为例. 设计, 2019, 32 (11)：37-39.

[56] 杨少俊, 刘孝富, 舒俭民. 城市土地生态适宜性评价理论与方法. 生态环境学报, 2009, 18 (1)：380-385.

[57] 赵梦琳. 基于功能和过程的水生态空间韧性结构管控——以自流井南部片区生态保护规划为例. 中国城市规划学会、杭州市人民政府. 共享与品质——2018 中国城市规划年会论文集. 中国城市规划学会、杭州市人民政府, 中国城市规划学会, 2018：10.

[58] 朱强, 俞孔坚, 李迪华. 景观规划中的生态廊道宽度. 生态学报, 2005, (9)：2406-2412.

[59] 岳晨, 崔亚莉, 饶戎, 等. 基于生态规划的长春市土地生态适宜性评价. 水土保持研究, 2016, 23 (2)：318-322.

[60] 李少华, 李晨希, 董增川. 生态型水网理论体系及关键问题探讨. 水利水电技术, 2006, (2): 64-67.

[61] 陈菁, 马隰龙. 新型城镇化建设中基于低影响开发的水系规划. 人民黄河, 2015, (8): 27-29.

[62] 郭贝贝, 杨绪红, 金晓斌, 等. 生态流的构成和分析方法研究综述. 生态学报, 2015, 35 (5): 1630-1639.

[63] 孙怡茜. 基于粒度反推法的土地整治生态网络构建研究. 北京: 中国地质大学, 2018.

[64] 谢高地, 鲁春霞, 冷允法, 等. 青藏高原生态资产的价值评估. 自然资源学报, 2003, 18 (2): 189-196.

[65] 陈仲新, 张新时. 中国生态系统效益的价值. 科学通报, 2000, 45 (1): 17-22.

[66] 尹登玉, 张全景, 翟腾腾. 山东省土地利用变化及其对生态系统服务价值的影响. 水土保持通报, 2018, 38 (5): 134-143.

[67] 张远景, 俞滨洋. 城市生态网络空间评价及其格局优化. 生态学报, 2016, 36 (21): 6969-6984.

[68] 潘竟虎, 刘晓. 基于空间主成分和最小累积阻力模型的内陆河景观生态安全评价与格局优化——以张掖市甘州区为例. 应用生态学报, 2015, 26 (10): 3126-3136.

[69] 董哲仁. 河流生态修复. 北京: 中国水利水电出版社, 2013.

[70] 方精云, 王襄平, 沈泽昊, 等. 植物群落清查的主要内容、方法和技术规范. 生物多样性, 2009, 17 (6): 533-548.

[71] Rachmayani R, Prange M, Schulz M. North African vegetation--precipitation feedback in early and mid-holo-cene climate simulations with CCSM3-DGVM. Climate of the Past, 2015, 11 (2): 175-185.

# 第 3 章　流域村庄生态调查与修复

流域城市水生态健康状况是区域城市与乡村生态环境综合反映，济南市区既是城市发展密切关联区域，又是城乡交融地域。统筹城乡生态环境是保护生态环境、实现资源合理利用、促进全域生态健康的有效路径。

乡村是具有特定的经济、社会和自然景观特征的地域综合体，兼具生产、生活和生态功能[1]。中国乡村生态依然面临着自然生态恶化等问题[2]。乡村是人与自然、社会经过长期互动联系形成的复合地域空间[3]，乡村景观成为山水林田湖草居等资源的重要载体。截至 2016 年底，济南市共有乡镇 28 个，拥有农村居民点和农村居民管理委员会的街道 104 个，全市市域面积 7998km²，农村农用地比重 57.28%，农村居民点及工况占地比重 11.50%[4]。占比超过 50% 的乡村地区的水生态健康，是区域水生态健康的重要影响因素。实现全域水生态的提升，迫切需要保护乡村生态格局，恢复水生态空间，发挥乡村的水生态涵养功能[5]。

人类对生态问题的认识是一个从消极保护到积极建设，从线性到系统，从被动到自觉的过程。受认识水平的限制，乡村生态问题也经历了忽视、边缘化、重视和重新认识的过程[6]。这一过程最突出体现在乡村生态制度建设上，乡村生态制度演进过程折射了乡村生态从繁盛走向凋亡的过程，到再振兴的过程。党的十六届五中全会提出扎实推进社会主义新农村建设，党的十八大提出美丽乡村建设"建设社会主义新农村是我国现代化进程中的重大历史任务"[7]。十九大提出乡村振兴战略，推动乡村从一维的经济繁荣走向了三维的复合生态系统的繁荣，逆转生态凋敝的趋势，恢复乡村的人文景观活力。乡村振兴战略的提出将从技术、文化、思想和体制重新调整社会生产关系、生活方式、生态意识和生态秩序。

乡村振兴战略提出"生态宜居是关键"，强调人对于生态环境的体验以及自然生态对于人的生存与发展的基础性作用。乡村生态振兴实现在于人与自然关系和谐统一，人们自觉维护生态环境；在于统筹生态保护修复和村庄整治，将耕地、林地、草地整治与农村建设用地布局优化相结合，打造规模化多种生态系统要素的复合格局[8]，统筹山、水、林、田、湖、草、沙生态系统的核心要素，使它们相互关联、相互依存，构成了复杂的生态系统[9-11]。对区域内自然生态空间进行系统修复，形成完整的生态网络，扩大市域生态空间[12]。

　　本章以济南三涧溪村为案例，按照时间轴的发展，调查了不同历史阶段，三涧溪村在政策引导下生态发生的变化，提出了政策是推动乡村生态振兴的基础性、关键性的措施。并对三涧溪村生态修复提出了规划策略。

# 3.1　村庄调查

　　2019 年，为了详细了解济南市村庄的生态现状，选择济南市章丘区东部新城双山街道三涧溪村作为样本村，进行生态现状调查与生态修复策略研究。三涧溪村属于城市边界村，位于济南城市建成区与纯农业腹地之间，兼具城乡双重属性，处于土地利用、社会和人口变化的过渡地带，受城市化影响大[13]。根据调查目标，采用现场踏勘、问卷调查、访谈和座谈会以及文献资料搜集等方法对三涧溪村的生态开展调查。

　　据《章丘地名志》载，章丘市双山街道三涧溪村由东涧溪、西涧溪、北涧溪三个自然村组成。元末，马赵二姓依西涧溪建村，故名西涧溪；李马邢三姓依东涧溪建村，故名东涧溪。明初，赵王二姓于西涧溪北建村，取村名北涧溪；三涧溪村是 1958 年人民公社时期由东涧溪、西涧溪和北涧溪三个自然村合并形成，共 1160 户 3183 人。村庄以锻打、铸造业为支柱产业，因成熟的鼓风机生产技术而远近闻名，形成了以种养为主的特色农业，特别是黑猪的养殖，使村民脱贫致富，并带动周边村庄的发展。

　　三涧溪村位于章丘区双山街道东部，北纬 36.7°，东经 117.58°，西距山东省会济南 45km，东距淄博 43km，胶济铁路穿村而过，102 省道距村 1.5km，交通极为方便。

　　三涧溪村南至经十东路，西至东环路，北至北沟。南邻南涧溪村，东邻上皋村，东北邻杲家坡村，北邻王白村，西邻贺套村。由三个自然村组成，村域面积约 7600 亩，如图 3.1 所示。

　　章丘区南部地属鲁西隆起区，北部为济阳凹陷区，处泰沂山区北麓，与华北平原接壤，长城岭绵延于南，长白山矗立于东。地形自东南向西北倾斜，自南而北依次为山区、丘陵、平原、洼地，分别占全区总面积的 30.8%、25.9%、30.7% 和 12.6%。位于章丘区东部三涧溪村属于鲁中丘陵，暖温带季风区的大陆性气候，四季分明，雨热同季。春季干旱多风，夏季雨量集中，秋季温和凉爽，

图 3.1　三涧溪村庄范围

冬季雪少干冷。

　　根据三涧溪村的人口状况，制作出人口年龄结构图，如图 3.2 所示，通过人口年龄结构图，可以看出三涧溪村中壮年劳动力人口比例较高，对村庄发展具有积极作用。

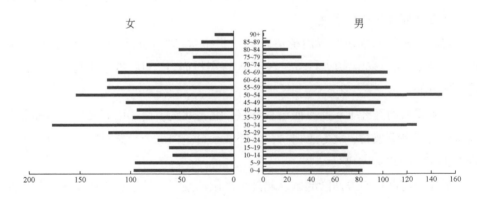

图 3.2　人口年龄结构图

　　三涧溪村自然生态条件优越，南依胡山山脉，北望赭山，东西水体接入济青路水系，山环水抱，在章丘大生态水系环境中具有重要作用，如图 3.3 所示。

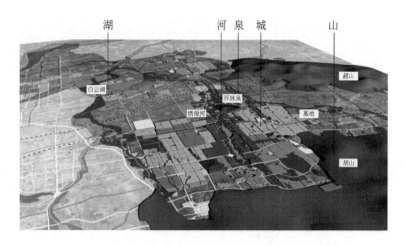

图 3.3　章丘区山水环境体系与三涧溪村的位置

下面介绍村庄水生态的演进。

据清道光十三年《章丘县志》记载:"乾河,源自朱家峪、栗家峪,西北流经官庄南,折而西北……注绣江。"此河围绕三涧溪村而流的冠带之水,向北汇入贯穿章丘的绣江河。村域水生态结构的变迁,经历了古村落时期、新农村时期和全面发展时期。

**1. 临水而居、溪环流抱**

三涧溪的历史可以上溯到三千五百年前的商周时期,三涧溪原来是四涧溪,"四面环沟为涧溪",一直到人民公社时期[14]。村庄依水而生,胡山后山两条溪流,环绕村庄而过,先人在东溪边建村,取名东涧溪村。在西溪边建村,取名西涧溪村,在北溪边建村,取名北涧溪村,如图 3.4 所示。南涧溪独立成一个行政村,东、西、北涧溪于是成了三涧溪,在村人口中,三涧溪是"大庄",南涧溪是"小庄"。

**2. 自然村时期,水生态结构完整**

进入发展后期,村落人口逐渐增加,原有规则的组团式结构逐渐发展成为无序的自由形态,依然保留了几条重要的街道,水系生态结构没有变化,古村落肌理保留完整。

图 3.4　临水而居、溪环流抱时期村庄水生态格局

### 3. 新农村建设时期，城镇化，近郊乡村水生态空间发生重大变化

2004 年在新农村建设的背景下，三涧溪开展社区建设，按照城市社区建造村居，采取自愿的原则，村民积极响应，共安置 4 个住宅楼 120 户。2010 年开始拆迁安置，新建社区计划对所有居民进行拆迁安置，目前北涧溪实现了全部安置，西涧溪、东涧溪正处于安置中。同时开办敬老院、新建工业园区、发展现代农业，村庄格局逐步形成。

城镇化使三涧溪村传统的乡村特征逐渐消失，聚落从乡村向城镇转化，空间从分散向集聚转变。2004 年，国务院颁布《关于深化改革严格土地管理的决定》，其中关于"农民集体所有建设用地使用权可以依法流转"的规定，强调"在符合规划的前提下，村庄、集镇、建制镇中的农民集体所有建设用地使用权可以依法流转。" 2004 年至 2007 年，双山北路征用 2.484 亩，东外环征用 270.59 亩，技师学院征用 28.06 亩，唐王山路征用 30.436 亩，敬老院征用 63.976 亩，工业园征用 2317.6407 亩，铁路征地共计 81.7754 亩，共计征用土地 2713.1867 亩[15]。2005 年农业部颁布《农村土地承包经营权流转管理办法》。2006 年首批安置房开工，共建设 4 栋楼，2010 年拆迁北涧溪村，拆迁后的土地挂牌拍卖。2008 年三涧溪村 34666 公顷一般农田调整为规划建设用地。2014 年到 2018 年流转土地 4000 亩，引进企业 72 家。2013 年山东省新型农村社区建设导则颁布实施（规定住宅建设为 1～3 层或者 4～6 层）凡迁建到新型农村社区规划范围内建新房的农户，必须拆除老宅基地上的旧房，否则不予办理新宅的房屋产权登记。2013 年三涧溪村建成第一批社区公寓楼，截止到 2018 年已经建成 22 栋 6 层社区公寓，350 余户村民入住，配套建设便民服务中心、超市、商业街、文化大院等基础服务设施，形成了集工业、住宅、购物、教育、养老、休闲娱乐等服务功能于一体的新型农村社区。2019 年三涧溪村安置房建成后，解决该村剩余 60% 的村民。农业用地从 7000 多亩减少为 1000 余亩。

从胡山后红花山下往北延伸，有东西两条水系。当地居民依据两条水系的具体走向，将其称为东沟、北沟、南沟、西沟。水系总长 20km，东沟发源于胡山，途径芙蓉沟、G309、上泉村、黑水庄；西沟发源于胡山山脉，途径 G309、三涧溪村工业园。两条水系向北穿过胡山大街后汇合，最终向北汇入济青路水系。

东河（980m）、西沟（510m）、南沟（300m）和北大沟（580m），四条泄洪河道，冲击形成马踏湾和赵家湾。南沟已经部分硬化和渠化，河道上游部分区域已经被农田阻断，河道长期干涸，马踏湾和赵家湾已经填埋成建设用地，两条主要水系遭受建筑垃圾、生活垃圾和工业废水污染，河岸线混乱，如表 3.1 所示。现状环境较差，河道堵塞，村域整体水生态环境受到威胁。

**表 3.1　现状河道基本情况说明**

| 名称 | 现状照片 | 情况说明 |
|---|---|---|
| ①西侧水系上游——南沟 | | 南沟发源于胡山，途径上皋东城社区，接入 G309 河道段。<br><br>南沟的北段现状有水，河道景观设计良好，用自然与景石结合的驳岸形式，实行乔灌草搭配，形成连续的景观线。<br><br>南段现状环境较差，有工业废水排入，建筑垃圾、生活垃圾较多，河道堵塞 |

| 名称 | 现状照片 | 情况说明 |
|---|---|---|
| ②西侧水系下游——西沟 | | 西沟起始于G309，途径王白小学，汇入济青路水系。西沟为自然式驳岸，南段现状有水，河道景观设计良好；北段已干涸，河道底有生活垃圾 |
| ③东侧水系上游——东沟 | | 东沟发源于胡山，途径上皋东城社区，接入G309河道段。<br>南段现状河道被农田侵占，无地表水。东沟北段为自然式驳岸，<br>东沟河道已干涸，建筑材料堆积，侵占断面，设有拱桥一座 |
| ④东侧水系下游——北沟 | | 北沟起始于G309，途径黑水庄，汇入济青路水系。驳岸为自然式驳岸，河道已干涸 |
| ⑤交汇处 | | 三涧溪村的四条水系交汇于世纪东路西侧，汇入济青路水系，此处绿化良好，水质一般，设有空心板桥一座 |
| ⑥ | — | 此处在建三涧溪村污水处理厂，采用整村处理方式，处理设施与生活污水治理有效衔接，将厕所、厨房、洗浴等生活污水全部收集处理 |

城市空间外延扩展，政府政策调控，乡村处于缺乏规划的自发阶段，乡村由均质空间向多样空间转变；三涧溪村由南至北呈现工业区（工业园区）、生活及服务区（村民回迁安置房及城市居住区、特色村休闲及美食商业街区、双山街道配套服务设施等）、农业经济区（铁路北侧的北涧溪以苗圃培育和黑猪养殖为主）的土地利用总体格局，传统的农业景观逐步消失，出现了工业、商业、服务业和养殖业等多业态空间结构，具体表现为土地用地类型的变化，并出现生产性用地空间受限，生活性用地增加和生态空间萎缩的现象。

#### 4. 农业增产，法规缺失，经济生态失衡

根据世界各国的经验，农业发展分为三个阶段，第一阶段是以增加生产和市场粮食供应为特征的发展阶段，政策以提高农产品的产量为主；第二阶段是着重解决农村贫困为特征的发展阶段，政策以提高农产品价格为导向；第三阶段为调整优化农业结构为特征的调整阶段，政策表现为促进农业结构调整[16]。十九大之前农村政策还停留在提高农产品产量上，从 2003 年开始，我国建立了农产品四项补贴和支持价格的政策体系。这一政策体系，较好地保护了农民的利益，调动了农民的生产积极性，对我国粮食生产获得十一连增发挥了重要保障作用。

1993 年我国第一个有关乡村规划的条例《村庄和集镇规划建设管理条例》共 7 章 48 条，仅在第九条第五款提出："保护生态环境"，没有具体措施和标准；2005 年党的十六届五中全会提出要按照："生产发展、生活富裕、乡风文明、村容整洁、管理民主"的要求扎实推进社会主义新农村建设，有村容整洁的表述，没有生态建设的内容；2006 年建设部印发的《县域村镇体系规划编制暂行办法》第三章第十六条第一次提出：确定生态环境，土地和水资源、能源、自然和历史文化遗产方面的保护利用的综合目标和要求，提出了县域空间管制原则和措施，比较笼统，没有涉及乡村的具体要求。2015 年《美丽乡村建设指南》国家标准由质检总局、国家标准委发布，在生态环境保护方面，标准规定了气、声、土、水等环境质量要求，对农业、工业、生活等污染防治，森林、植被、河道等生态保护，以及村容维护、环境绿化、厕所改造等环境整治进行指导，并设定了村域内工业污染源达标排放率、生活垃圾无害化处理率、生活污水处理农户覆盖率、卫生公厕拥有率等 11 项量化指标。2018 年中央农村工作领导小组办公室提出《国家乡村振兴战略规划（2018—2022 年）》，历史上第一次提出了乡村是生态涵

养的主体，对乡村生态保护的重视达到历史最高点。表述上也从"保护生态环境"晋升为："严格保护生态空间"；在措施上从"加强绿化"改为"构建两屏三带生态安全屏障"，新时代对乡村生态保护提出了新要求。在路径上，《中共中央国务院关于落实发展新理念加快农业现代化实现全面小康目标的若干意见》（2016 年一号文）提出加强农业生态保护和修复，实施山水林田湖生态保护和修复工程，进行整体保护、系统修复、综合治理；《中共中央国务院关于实施乡村振兴战略的意见》（2018 年一号文）首次提出统筹山水林田湖草系统治理的概念；《中共中央国务院关于坚持农业农村优先发展做好"三农"工作的若干意见》（2019 年一号文）再次提出统筹推进山水林田湖草系统治理，推动农业农村绿色发展，并提出系统治理和农业农村绿色发展的具体内容，包括农业面源污染治理、生态循环农业发展、白色污染治理、轮作休耕制度试点建立、农业绿色发展先行区创建、乡村绿化美化行动实施、天然林保护、退耕还林还草、水环境治理等；《山东省打好农业农村污染治理攻坚战作战方案（2018—2020 年）》提出开展山水林田湖草系统治理试点。《济南市乡村生态振兴工作实施方案》提出要始终践行绿水青山就是金山银山理念，大力推进农业绿色发展，统筹农村生态保护和修复；《济南市打好农业农村污染治理攻坚战作战方案》（2019）要求开展山水林田湖草系统治理试点；坚持山水林田湖草是生命共同体原则，整体保护、系统修复、区域统筹、综合治理；积极实施山东泰山区域山水林田湖草生态保护修复工程（济南市），统筹山水林田湖草系统治理。

三涧溪村的发展历程是我国农村生态的缩影。历史上没有生态保护规划，2013 年进行了村容村貌整治，主要措施是种树、打造村口景观节点（三涧溪村主入口位于世纪东路与涧泰路交叉处，入口空间运用乔灌草结合的植物组团，搭配景石及景观小品），如表 3.2 所示。现有的基本农田保护规划、美丽乡村建设规划强调部门性，没有在乡村空间进行整合；乡村生态斑块碎化，生态廊道破坏，整体生态多样性降低。

2019 年有了历史第一部村庄规划《章丘区三涧溪乡村振兴示范区策划方案》，其中有水系和生态的内容（对"三涧溪"的水系重现，适度打造原有古建"涧溪八景"）。由于长期以发展经济为主，法规缺失，忽视了村域的产业布局与生态环境协调，经济生态失衡。

**表 3.2　村庄入口空间植物种类统计**

| 位置 | 现状照片 | 植物树种 |
|---|---|---|
| | | 圆柏、白皮松、银杏、紫叶李、紫薇、红叶石楠、凤尾兰 |

**5. 生态环境问题的解决方案是自上而下单向过程，居民意识薄弱，行动力不强**

根据数理统计的原理，取置信度 80%，得出抽样率为 5%，在三涧溪村委党员小组的协助下，随机对三涧溪 150 户村民进行了问卷调查，分析村民对现状乡村生态环境的认知和评价，主要问题包括年龄构成、职业构成及收入比重、对现状乡村环境的认知和评价、对乡村振兴实施的期待和意愿、对城市和乡村生活的认知和迁移五大类。

对现状乡村环境的认知和评价。"空气好、环境好、绿化好"是村民对居住环境普遍认同，乡村环境中人情味足的优点也占据很大比重。对乡村环境不太满意的地方主要集中在缺少活动场所和居住条件差两方面。在意见收集中，数据显示村民更看重的是生活质量水平的提高，随着收入的提高，对居住也有了更丰富和多层次需求，如图 3.5 所示。

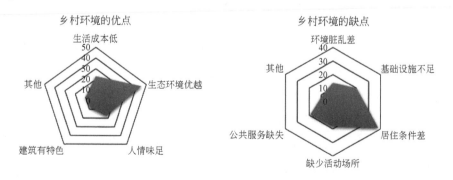

图 3.5　乡村环境评价图

对于现有的安置小区，村民对居住质量的提高满意度比较高，希望改善的是生活质量、邻里关系和公共服务设施配套，公服设施中对商业服务、教育和医疗卫生方面存在更多的需求。

由图 3.5 和图 3.6 可见，农民对于购物、医疗、住房、就业、交通的认可度远高于对清洁用水、整洁街区、绿地公园等生活相关的生态要素的认可度，对于农业面源污染的关注更弱。农民忽视生态保护的外在原因是，农民的利益、社会保障、就业等问题没有得到有效解决，生存问题必然是优先级最高的关注点。加之，经年累月的污染影响了村民关于污染的判断，理解为一种发展的过程必然。内在原因是，特殊的人际关系网络和相对聚集的地理空间具有浓厚的机制性保护色彩，集体财富的使用、分配与增值也不断强化村民对村落共同体利益的依赖性，这种强烈的自我封闭和排外意识，导致其接受外部生态信息能力较弱。

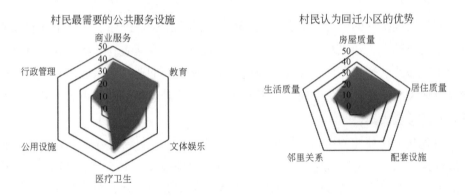

图 3.6　回迁小区评价图

乡村地区生态观念及行为取向的巨大差异，加大了生态公共政策制定及实施的难度。三涧溪村建设路径选取上，优先进行了新型社区建设、工业园、镇村道路铺设和村容村貌建设等项目，生态保护和环境治理处于次要地位。贯彻执行《中共中央 国务院关于加快发展现代农业进一步增强农村发展活力的若干意见》（2013 年一号文）等一系列基础设施建设政策，三涧溪村基本实现村庄水、电、暖、气、网等基础设施与城市管网的合并。

三涧溪落实国家人居环境整治政策，回迁住宅采用住户付费、村集体补贴、地方财政补助相结合的管护经费保障制度，维护村内基础设施运行。

生态环境问题的解决不可能由任何一种社会力量单向的权利过程来实现，需要一系列社会互动过程，接近预期的目标，社会参与或者居民参与是生态建设的内在需求，三涧溪村民的环保意识薄弱，与政策的互动不强，不利于生态保护与可持续发展。

# 3.2 三涧溪村水生态修复的规划策略

三涧溪村缺乏防洪规划，村民没有防洪意识，缺乏相关水文资料的支持，导致乱开滥挖、毁河造田的情况出现，致使上游干涸、下游缺水，水生态环境条件受到威胁。城市边界村，村庄土地开发强度过大，村庄建设模式过于城镇化；村庄规划未从整体考虑，部分土地缺乏规划，造成闲置土地资源荒废；村庄两条主要水系遭受建筑垃圾、生活垃圾和工业废水污染，河岸线不清晰。

## 1. 修复山水林田草生态安全格局

生态安全格局是指以特定生态环境问题为研究对象，以生态、经济、社会效益为目标，安排、设计、组合与布局区域内的自然和人文要素，得到由点、线、面、网组成的多目标、多层次和多类别的空间配置方案，保证生态系统的完整性和可持续利用[17]。生态安全格局修复是通过识别对区域生态安全具有重要意义的点、线、面元素，在空间结构上进行新布局和规划设计，使其维持生态系统结构和过程的完整性，从而解决区域生态环境问题并实现可持续发展[18]。

依据《山东省乡村风貌规划指引》，章丘区位于鲁中山泉林田风貌区。三涧溪村南依胡山山脉，北望赭山，东西水体接入济青路水系，山环水抱，位于章丘大水系、大生态环境的重要位置。三涧溪村以南部胡山、东西两条水系、古村落溪流为骨架，以村落绿地、田园景观为生态绿核，形成"山水林田湖"的自然格局。连接贯通城市内外山体水系，疏通东西两侧水系，保证两条水系有水、蓄水，以原乡生活古村区、齐鲁风情美食区为核心，多条绿带向外延伸，连接各绿化节点，构建以三大水域生态和山脉生态屏障为主体，以乡村交通网络、农田绿地为补充，山水相间、带状环绕的生态格局（图3.7）。

保护山水基底、历史肌理、空间形态，协调乡村建筑、田园景观、自然风光，重塑和谐共融的人地关系，协调果树、蔬菜、高粱、稻田、麦田、油菜等不同农作物的色彩变化和尺度搭配，以农田的整齐韵律、果树的春华秋实、苗圃的郁郁葱葱、花卉的绚丽多姿构建具有乡土特色的田园景观氛围，延续田园牧歌式的生态、生产、生活方式。

## 2. 优化三涧溪村景观格局，构建水生态网络

修复水系。继承三涧溪依水而居的历史，恢复三涧溪历史上的水系，规划打

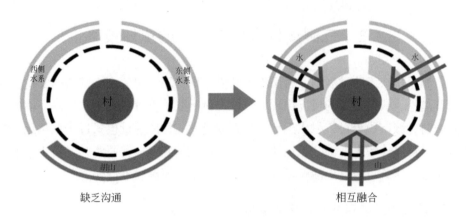

西侧
水系　　　　　　　　　东侧
　　　　　　　　　　　水系

村　　　　　　　　　　水　　　　水

胡山　　　　　　　　　　　山

村

缺乏沟通　　　　　　　　　相互融合

图 3.7　三涧溪村山水林田草

造"田园宜居、水岸原乡"的生态示范环境。针对三涧溪村东、西两条水系属于典型季节性河流，汛期的行洪安全与枯水期的亲水、生态存在矛盾，在满足行洪安全的前提下，提出"有水""蓄水""净水"的策略。"有水"，补充水源、河槽改造。引入中水，建设村庄污水厂，处理三涧溪公寓及老年公寓等生活污废水，处理后达标水，进入景观渠，经过水生植物等进一步处理后，作为村庄景观用水的主要水源；同时，从城市北侧水系进行调水，循环利用水资源，形成生态化、节约化的可持续水生态景观。

进行河槽改造，保证改造水系"有水"。具体策略为保留现状堤岸，在满足河道行洪、不改变河道正常过水量的情况下，后退防洪堤顶路面，放缓堤岸护坡，将原本垂直型的工程堤岸进行堆土，改造成种植区。充分开发利用河滩空间，规划形成亲水步行道或者亲水平台等节点，恢复生态景观的同时兼顾考虑人工景观建设的需求，达到对河道生态景观面貌改善提升目的，如图 3.8 和图 3.9所示。

图 3.8　季节性河道改造前——大水面

在河道中心设置生态岛，利用现状河滩植被及高差变化，将绿化、坡地延伸至河滩上，大量运用水生植物，过渡生态岛与河岸景观，使二者融为一体，形成

图 3.9　季节性河道改造后——形成过水阻力的水生态岛

雨季行洪、旱季有景的季节性河道景观，如图 3.10 所示。

种植区　亲水栈道　生态岛　亲水平台+种植区

图 3.10　改造后河道剖面效果图

"蓄水"，在下游采用景观毛石+植草形成过水断面阻力，减缓河水下泄的速度和调蓄池（的布置形式，以保持河道水位的稳定和实现蓄水功能。河道蓄水除了局部阻力拦水外，还可在下一步防洪设计完善后，选择水系适当区域进行扩大，形成大水面作为调蓄池，作为洪水汛期调蓄"净水"储存空间和净化空间，在适当位置复建"马踏湾、赵家湾"，调蓄雨水，创造文化传承的休闲场地景观。

构建生态网络。选择大型生态斑块（面积大于 1 公顷）和生态廊道周边的生态斑块，重点保护和开发建设；沿东沟和西沟两侧规划 80～100m 的河岸缓冲带；利用路网两侧的绿带连通生态带与生态斑块，道路绿化带宽度不低于 12m；梳理水网结构，恢复连通性，清除河道障碍，连通、疏浚、退田还水，水网的宽度不小于 30m。三涧溪村通过营造全新的空间与可持续的河道生态环境，唤醒河道生命力，构筑河岸绿色生活，从水安全、水环境、水生态、水休闲四方面共同打造三涧溪村水文化。

低影响开发。按照对村庄生态环境影响最低的建设理念，合理控制开发强度，在建设中保留足够的生态用地，控制建设用地不透水面积比例，最大限度地减少对村庄原有水生态环境的破坏，同时，根据需求适当开挖河湖沟渠、增加水域面积，促进雨水的积存、渗透和净化。

### 3. 梳理文化资源，规划乡村人文资源绿色廊道

规划乡村绿道，将散布在乡村的点状文化景观资源（包括农耕文化、工业文化、历史遗存）进行连接，使现有的点状文化资源变为以乡村绿道为纽带的区域展示，提升传统文化审美体验的生态体验[19]；优选植被配置，提升生态多样性和稳定性。乔灌草组合，形成复层结构群落，增加降水截留量和空间三维绿量；常绿树种与落叶树种混交，提高植被景观质量；深根系植物与浅根系植物混搭，提升土层营养利用率；阳性植物与阴性植物搭配，提高群落的光能利用率。

### 4. 多措并举，增强三生协调

按照形成节约资源和保护环境的产业结构、生产方式、生活方式要求，建立智慧+全产业链的田园综合体，推进绿色低碳的生产方式。在三涧溪村建设技术创新和产业链创新的田园综合体，生产从田间到餐桌的全产业链的农产品，利用信息技术，全产品过程识别、管理。在农产品源头进行精深加工，减少了运输过程碳排放造成的环境污染，减少了储存不当造成的产品浪费，减少末端加工产生的生活垃圾。全国流程信息管理，提高食品安全，有助于形成品牌和带动农民增收。

发展都市农业，推动形成绿色低碳的生活方式。都市农业是指地处都市郊区和城市经济圈内，以适应现代化都市发展形成的现代农业。以生态绿色为标志，融生产性、生活性和生态性于一体，高质高效和可持续。三涧溪村地处济南和淄博边界，具有都市农业区位特点，发展都市农业为周边都市经济发展提供服务，为绿色生态农业提供示范。

发展互联网，形成生态经济，重塑产业结构。移动互联网的发展正在模糊城乡间差异，拓展全球化和城镇化的内涵。电子商务的兴起，使乡村逐渐从单纯农业生产空间转向产品消费空间，使乡村成为经济新增长点。在三涧溪村强化互联网基础设施和物流配套建设，在北部的工业园区增设物流节点，利用临近世纪大道的交通便利，以物流节点建设深化社会分工，为产业结构调整做准备，为形成绿色生态经济打基础。

### 5. 树牢生态理念，形成行动自觉

大众心理学家古斯塔夫·勒庞提出：信念一旦深入人心，就会成为行动力的

源泉，由此产生制度、艺术和生活方式[20]。马克思指出"理论一经掌握群众也会变成物质力量"[21]。十九大报告提出建设美丽中国的总目标，要求牢固树立社会主义生态文明观，推动形成人与自然和谐发展的现代化建设新格局。

发挥基层党组织的作用，推动社会主义生态文明观深入人心。三涧溪村党支部有信息处理、分析研判和处理内部矛盾的能力，强化生态文明观，可更好地实现组织利益。强化政策激励，通过市场机制推动组织与村民之间的互动行为。强化上级政府的检查、检测能力，形成激励性政策考核的基础。多渠道促进公众参与，将事后监管提前到事先教育管理，具有文化传承的效果，起到代际传递作用。

## 3.3　结　　论

三涧溪村生态环境受政策影响显著，村民环保意识淡漠，经济社会发展与生态环境保护的关系失衡。分析三涧溪村的区位特点，针对三涧溪村存在的问题提出了处理好开发建设与水生态保护利用相协调，采用了增强生态韧性的规划策略，强化村域的水网系统的修复与景观生态廊道规划，增强连通性，提高区域的生态韧性。在修复保护自然水生态的同时，加强自然生态与人文生态之间的联系，构建亲水活动空间，推动自然与人文协同发展。加强党建引领，出台激励政策，增强村民的环保意识，形成自下而上的公众参与。

### 参 考 文 献

[1] 孙丽娜，董爱晶，宫月. 基于三生空间的乡村土地利用空间布局优化研究：以黑龙江省明水县永兴镇为例. 中国农学通报，2020，36（35）：156-164.

[2] 常雪. 构建和谐社会背景下自然生态与人文生态问题研究. 哈尔滨：哈尔滨工业大学，2006.

[3] 李智，张小林，陈媛，等. 基于城乡相互作用的中国乡村复兴研究. 经济地理，2017，37（6）：144-150.

[4] 徐爽. 多功能视角下济南乡村发展模式与振兴路径探析. 北京：中国地质大学，2020.

[5] 胡冰，胡思泉，张跃东. 提高乡村生态涵养，助推乡村绿色发展——浅谈乡村生态环境现状与对策. 内蒙古科技与经济，2019，（12）：3-7.

[6] 黄霁欣. 黄土高原山地小流域人居环境研究——陕西韩城盘河小流域村镇实态与发展. 西安：西安建筑科技大学，2005.

［7］习近平十八大以来关于"生态文明"论述摘编. 2019.

［8］Wang J L, Lü Y H, Zeng Y, et al. Spatial heterogeneous response of land use and landscape functions to ecological restoration: the case of the Chinese loess hilly region. Environmental Earth Sciences, 2014, 72（7）: 2683-2696.

［9］周妍, 苏香燕, 应凌霄, 等. "双碳"目标下山水林田湖草沙一体化保护和修复工程优先区与技术策略研究. 生态学报, 2023, 43（9）: 3371-3383.

［10］梁森, 张建军, 王柯, 等. 区域生态保护修复碳汇潜力评估方法与应用——基于第一批山水林田湖草生态保护修复工程的研究. 生态学报, 2023, 43（9）: 3517-3531.

［11］李晓文, 吕江涛, 智烈慧, 等. 基于"目标–成本–效益"协同优化的山水林田湖草沙一体化生态保护与修复格局. 生态学报, 2023, 43（9）: 3625.

［12］黄敏华. 基于统筹山水林田湖草系统治理思想方法的水环境治理建议——以广佛跨界水环境治理实践为例. 节能与环保, 2019,（3）: 48-49.

［13］G P R. Defining the rural urban fringe. Social Forces, 1968, 47（202）: 15.

［14］钱欢青. 古村落里的济南. 济南: 山东文艺出版社, 2017.

［15］《济南出版志》编纂委员会. 章丘县志. 济南: 济南出版社, 1989.

［16］孙艺冰, 张玉坤. 国外的都市农业发展历程研究. 天津大学学报（社会科学版）, 2014, 11: 527-532.

［17］易浪, 孙颖, 尹少华, 等. 生态安全格局构建: 概念、框架与展望. 生态环境学报, 2022, 31（4）: 845-856.

［18］俞孔坚. 生物保护的景观生态安全格局. 生态学报, 1999,（1）: 8-15.

［19］Lise Magnier, Jan Schoormans. Consumer reactions to sustainable packaging: the interplay of visual appearance, verbal claim and environmental concern. Journal of Environmental Psychology, 2015, 44: 53-62.

［20］古斯塔夫·勒庞. 乌合之众: 大众心理研究. 杭州: 浙江文艺出版社, 2017.

［21］马克思. 《黑格尔法哲学批判》导言. 北京: 人民出版社, 1843.

# 第4章 流域城市高强度开发流域水生态环境调查与分析

济南市为沿黄区域重要的省会城市，为贯彻"黄河流域生态保护和高质量发展"重大国家战略，于2018年获批建设"济南市新旧动能转换先行区"。2020年在《黄河流域生态保护和高质量发展规划纲要》指导下，正式建立"济南市新旧动能转换起步区"，成为继雄安新区后，全国第二个以起步区命名的城市新区[1]，在济南市的经济发展、城市建设据重要的战略地位。

济南新旧动能转换起步区位于山东省济南市中心城区北部，西起济南德州界，东至东湖水库，南起黄河泺口，北靠徒骇河，沿黄河两岸分布。地处淮河流域、黄河流域及海河流域之上，内有徒骇河、黄河、小清河三大水系，涉及太平街道、孙耿街道、桑梓店街道、大桥街道、崔寨街道、遥墙街道、高官寨街道、唐王街道及泺口街道9个街道办事处，总面积798km²。

## 4.1 起步区经济社会与生态环境现状

2020年是起步区启动建设的起点，以此时间点为分界点，成为两种截然不同的空间形态，2020年之前是以农业为主的空间形态，因此现状分析是以2020年为基础。截至2020年，起步区内人口共36.8万，主要散布在乡村地区，城镇人口数量与占比均少，区域城镇化总体处于起步阶段，城镇化率仅为24.73%，远低于济南市全域的74%，也远低于国内其他新区。城镇人口未形成有效聚集，同时由于发展阶段的差异，各街道间的城镇化发展水平也存在较为明显的差别。区域现状主要由大面积的农田构成，林地、草地资源较为稀少，建设用地则多为村驻地，分布零散。以第一产业为主要生产力，主要经济作物包括小麦、玉米等，距离起步区构想的城市建设蓝图具有很大的差距[2]。

2020年地区生产总值（GDP）实现53亿元，三类产业占比3∶4∶3。从整体产业结构来看，起步区内仍以第一产业为主导，用地占比高达52.2%。现有村庄统计数据表明，起步区内村庄人均收入水平集中在14000~19000元/人，处于山东省中等偏下水平，总体呈现出区域经济产业发展阶段较为初期[3]。

起步区地形以平原为主，地势较平坦。区内降水量丰富，气候条件良好，境内有徒骇河、大寺河等河流和灌渠，农业生产条件十分优越，土地利用程度高。区内农田生态系统要素较为单一、种植结构单一，农业基础设施建设欠均衡。土壤污染防治工作基础较为薄弱，耕地土壤环境质量有待提高。森林覆盖率不高，农田防护林体系防护效能不足。徒骇河流域水系水环境质量有待改善[4]。

## 4.2 济南市起步区发展规划

根据国家发展和改革委员会印发的《济南新旧动能转换起步区建设实施方案》，起步区将建设形成"一纵一横两核五组团"的空间布局[5]。"一纵"是指起步区与大明湖、趵突泉等济南历史标志节点串联起来，形成泉城特色风貌轴；"一横"是指依托水系、林地等自然生态资源，形成黄河生态风貌带；"两核"是指建设城市科创区和临空经济区，带动起步区加快开发建设；"五组团"是指建设济南城市副中心、崔寨高新产业集聚区、桑梓店高端制造产业基地、孙耿太平绿色发展基地、临空产业集聚区。

按照计划，到 2025 年，起步区综合实力大幅提升，经济和人口承载能力迈上新台阶，质量效益大幅提升，增长潜力充分释放，内生动力显著增强，经济结构更加优化。总人口规模达到 65 万人以上，地区生产总值达到 600 亿元以上。到 2035 年，起步区建设取得重大成果，现代产业体系基本形成，创新驱动成为引领经济发展的第一动能，绿色智慧宜居城区基本建成，生态系统健康稳定，水资源节约集约利用水平全国领先，能源利用效率显著提升，人民群众获得感、幸福感、安全感显著增强，实现人与自然和谐共生的现代化。表 4.1 为起步区发展主要指标。

表 4.1 起步区发展主要指标[6]

| 主要指标 | 2025 年 | 2030 年 | 2035 年 | 指标属性 |
|---|---|---|---|---|
| 总人口规模/万人 | 65 | 110 | 180 | 预期性 |
| 地区生产总值/亿元 | 600 | 1600 | 3500 | 预期性 |
| 一般公共预算收入/亿元 | 80 | 180 | 300 | 预期性 |
| 固定资产投资/亿元 | 2000 | 6000 | 10000 | 预期性 |
| 国际（地区）航线/条 | 65 | 80 | 90 | 预期性 |

| 主要指标 | 2025 年 | 2030 年 | 2035 年 | 指标属性 |
| --- | --- | --- | --- | --- |
| 用水总量/亿 $m^3$ | 1.8 | 2.6 | 3.5 | 预期性 |
| 城市路网密度/（km/km$^2$） | 5 | 8 | 10 | 预期性 |
| 人均公共文化服务设施建筑面积/m$^2$ | 0.6 | 0.7 | 0.8 | 预期性 |

济南市国土空间生态修复规划（2021~2035 年）提出，以市域自然地理格局为基础，基于自然生态本底状况，突出主要功能和主要生态问题，以重点流域、区域为基础进行生态修复分区，将全市划分为 7 个生态修复区。起步区位于北部平原生态环境提升区，生态修复主导方向：以耕地质量提升和农田林网修复改造为重点，提升耕地质量，增强灌排能力，提高土地集约节约化水平，增强防风固沙能力，修复徒骇河水系水环境，提升农村人居生态环境[4]。

## 4.3　大寺河流域（起步区段）水生态环境研究的意义

依据起步区的现状与发展规划，起步区的人口将从 42 万增加到 65 万，地区生产总值从 53 亿元增加到 600 亿元，公共基础设施建设规模大，区域土地开利用强度大。起步区在大桥组团规划建设用地 12km$^2$ 的示范区，定位为生态商务区（EBD），包含 4.8km$^2$ 集中开发建设区[6]。大寺河流域（起步区段）穿过定位为济南城市副中心所在组团，该组团将从农业用地转变为城市建设用地。《济南起步区城市副中心示范区建设实施方案》规划了"一心四片"的总体布局，并分别提出鹊山生态文化区、总部经济区、都市阳台、科研办公区、科创金融区的规划范围和功能定位。受高强度开发建设活动和气候变化的影响，起步区下垫面情况将发生较大的变化，使得径流形成的物理条件也相应地发生变化，对流域水资源、水环境、水生态和水安全带来巨大压力，维持区域的可持续发展，利用技术手段保持开发前后的生态健康安全尤为重要。

大寺河[7]系清光绪年间黄河在大王庙、桃园、北洛口等处迭次冲决洪水北流入徒骇河之自然溜道，大王、靳家二乡用其宣泄坡水。1952 年自上而下统一开挖，因水经济阳县大寺，称之为大寺干沟。1973 年开挖成河，定名为大寺河，属徒骇河支流。现状大寺河起源于鹊山水库放水洞，至济阳区魏家铺闸入徒骇河，全长 47.4km，流域面积 360.5km$^2$，主要支流有青宁沟、簸箕刘沟。大寺河向北流经大桥街道（济南副中心）和孙耿街道，至蒯家村入济阳区，总长度16.9km，流域面积75.49km²，承担起步区中心片区的防洪、排水和灌溉任务，其来水水源主要包括鹊山水库引黄水、农田灌溉尾水、地下水和汛期雨水。大寺河流域（起步区段）地理位置介于36°45′32″N～36°54′54″N和116°59′8″E～117°5′6″E。

研究大寺河流域水生态环境状况，进一步明确区域水生态问题，可以有效缓解高强度开发带来的水生态压力。

## 4.4　大寺河流域起步区地形地貌、气象与水文

### 4.4.1　地形地貌

现状黄河为地上悬河，堤防标高一般在30m以上，高出现状两侧用地约10m左右，由于黄河多次变迁冲刷淤积，区内地貌平缓低洼，现状地面高程多在18～28m之间，制高点鹊山海拔约110m。整体地势南高北低，坡降约万分之二，属于平坦易涝地区[8]。大寺河流域地处鲁北黄河冲积平原区，地貌形态受黄河多次决堤洪水冲击影响较大，地貌类型主要分为决口扇形地、河滩高地、浅平洼地、缓平坡地和沙质河槽地；大寺河流域起步区地势由西南向东北倾降，平均坡度为万分之二，总体地势"平坦易涝"；现状地质为第四纪松散土层，岩性为粉沙、细沙和少量中细沙；土壤、水、气、热条件较协调，可耕性好，有利于发展种植业和林业[9]。

### 4.4.2　气候及降雨[10]

起步区属北暖温带半湿润季风气候区。冬冷夏热，四季分明，光照充足，雨热同季，无霜期长。春季干旱多风，夏季高温多雨，秋季温和凉爽，冬季雪少干冷；具有明显的大陆性气候特征。

区境年平均气温13.2℃，其中1月最冷，平均气温-2.6℃；7月最热，平均气温26.9℃。日最低气温低于或等于0℃的日数，平均每年110.4天；低于或等于-15℃的日数，平均每年1天；日最高气温高于或等于35℃的天数，平均每年10.6天。

全区平均降雨量619.4mm，年降雨量65.2%集中在夏季。0.1mm以上的降

雨日数年平均为 67.3 天，5mm 以上的降雨日数年平均为 25.2 天，10mm 以上的降雨日数年平均为 17.1 天，25mm 以上的降雨日数年平均为 7.4 天，50mm 以上的降雨日数年平均为 2.4 天。

起步区年平均日照时数 2298h，年日照百分率为 52%。其中月平均日照时数 12 月最少，为 149.3h；6 月最多，为 258h，日照百分率 7 月最小，为 43%；5 月最大，为 59%。

起步区年平均蒸发量为 1495.4mm，其中 12 月蒸发量最小，为 33.2mm；6 月蒸发量最大，为 233.2mm。

### 4.4.3　降雨特征

徒骇河流域多年平均降雨量为 585mm，大寺河流域面积较小，与徒骇河处于同一气候区内，多年平均降雨量在地区上变化不明显。流域降雨量年际变化较大，丰、枯水期周期性变化比较明显。丰水年流域平均年降雨量可达 900mm 以上，枯水年平均降雨量小于 400mm，最大年降雨量约为最小年的 3 倍。降雨量年内分配不均，降雨量主要集中在汛期。汛期（6~9 月）多年平均降雨量约占全年降雨量的 75% 以上，7、8 月降雨量占全年降雨量的 56%；7 月降雨量最大，占全年降雨量的 33%。由此可见流域内年降雨量高度集中，夏季的暴雨往往形成大洪水，甚至造成洪涝灾害。春季降雨量稀少，3~5 月降雨量仅占全年降雨量的 12.5%，春旱十分严重。

### 4.4.4　洪水特征

起步区内的河道洪水，主要由当地暴雨形成。由于流域坡度小，汇流速度慢，洪水涨落比较慢，洪峰持续时间较长。如区域内遇到连续暴雨，前峰尚未落平，后峰接踵而至，常常形成复式洪峰或连续洪峰。年际、年内变化大。因区域年际降雨量变化较大，区域内河道年径流量变化较大。因受降雨量年内分配影响，多年平均情况下，区域内河道连续最大 4 个月天然径流量占全年径流量的 85%~90%，主要集中在 7~10 月。黄河大坝堤顶和堤外高差在 10m 以上，区内涝水无法直接排入黄河。徒骇河作为主要排水出路，距离建设区较远（约 30km），其上游有外洪汇入，下游平缓、排水不畅，易形成顶托并引发洪涝灾害[8]。

### 4.4.5　河网水系

利用斯特拉勒法[11,12]对大寺河流域起步区河网水系进行分级提取[13]。分级的原则是：属于源头水系，不再有分支，同时具有明显的河床特征，为第一级水系；由两个及两个以上的第一级水系合流后组成的水系为第二级水系，依此类推对全部水系划分；低级水系可以汇入高级水系，不改变高级水系级别。

大寺河起步区段水系分级结果如图 4.1 所示。流域内河网总长度为106.59km，其中一级水系占比最多，为 45.78%，长度为 48.80km；二级水系，长度为 31.44km；三级水系最少，仅占 8.93%。

图 4.1　大寺河流域（起步区段）水系分级结果

## 4.5　起步区水资源现状分析

### 4.5.1　年径流量

根据大寺河流域起步区附近水文站点（36.683°N，116.983°E）1973—2021年的连续观测数据，计算得到其在丰水年、平水年和枯水年的地表径流量分别为2849.72 万 m³、2416.44 万 m³ 和 1997.52m³，具体计算公式如下：

$$W = H \times A \times \psi \times 10^{-3} \tag{4.1}$$

式中，$W$ 为雨水资源化理论潜力（$m^3$）；$H$ 为丰水年、平水年和枯水年的累积降雨量（分别为 934.25mm、792.16mm、654.83mm）；$A$ 为用地类型占地面积（$m^2$）；$\psi$ 为流量径流系数。

为了提高分析结果的准确性，采取直接辨识像素分辨率为 2m 的栅格影像图，辅以现场调查修正的方法。依据《给水排水设计手册第 5 册城镇排水》以及《海绵城市建设指南》中常用土地利用类型分类，提取得到大寺河流域起步区 2022 年土地利用类型为居住区建设用地、混凝土或沥青路面、水体、空地、广场、非铺砌的土路面、草地、林地和耕地，其对应的流量径流系数和雨量径流系数如表 4.2 所示。

表 4.2　起步区 2022 年各土地利用类型占地面积、流量和雨量径流系数

| 土地类型 | 占地面积/hm² | 流量径流系数 | 雨量径流系数 |
| --- | --- | --- | --- |
| 居住区建设用地 | 465.62 | 0.80 | 0.50 |
| 混凝土或沥青路面 | 220.78 | 0.90 | 0.90 |
| 水体 | 449.19 | 1.00 | 1.00 |
| 空地 | 615.52 | 0.60 | 0.20 |
| 广场 | 23.36 | 0.60 | 0.60 |
| 非铺砌的土路面 | 17.09 | 0.30 | 0.30 |
| 草地 | 855.92 | 0.20 | 0.15 |
| 林地 | 775.08 | 0.30 | 0.20 |
| 耕地 | 4126.28 | 0.30 | 0.30 |
| 总面积/hm² | 7548.84 | | |

## 4.5.2　地表水水源地与可供水量

起步区有引黄水库 1 座（鹊山水库）[14]。鹊山水库属于地上围坝平原水库，位于黄河北岸北展区省道 001 公路东侧，占地面积 1000 余公顷。水库包括大王庙引黄闸、提水泵站、沉砂条渠、输水涵洞、入库泵站、调蓄水库、出库泵站、输水（穿黄）管线等。水库作为主体部分的调蓄水库，呈三角形，围坝总长 11.6km。水库蓄水面积 6.197km²，平均蓄水深度 8m，沉沙池坝轴线长度为 6.7km，设计总库容 4600 万 m³，有效库容 3930 万 m³。该水库主供天桥区，辐射

历下、市中、槐荫，并担负着向东联、大桥镇等供水，是城市主要的水源地之一。负责主城区鹊华水厂40万 $m^3/d$（设计能力）、东联供水22.4万 $m^3/d$（设计能力）、清正水厂7万 $m^3/d$（设计能力）供水任务。

太平水库选址于济南新旧动能转换起步区最北端，紧邻徒骇河、邢家渡引黄干渠，引水条件十分优越。工程总投资102亿元，规划总库容1.2亿 $m^3$，永久占地1200公顷，设计最大供水规模80万 $m^3/d$。太平水库将主要为济南新旧动能转换起步区供水，同时兼顾济阳区、商河县及济南市内五区生产生活用水，有效提升济南市黄河以北地区水资源调蓄能力，进一步优化济南市水资源配置格局[15]。太平水库入库水源共3种，黄河水引水入库工程、长江水引水入库工程、徒骇河引水入库工程共用一处入库泵站，引水规模20$m^3/s$[16]。

太平水库建设的依据为：济南市水资源紧缺，水库现状供水量已超过设计供水能力，无法再向济南新旧动能转换起步区供水。济南新旧动能转换起步区原有供水为农村及城镇供水，水量小，水源分散，不能支撑济南新旧动能转换起步区的用水需求[16]。

### 4.5.3　地下水水源地

起步区地下水水源地主要有太平水源地、曹家村水源地、高官寨水源地、白泉水源地。大寺河流域起步区地下水源地为太平水源地。

太平水厂水源地采用"二太平–仁风古河道"区域地下水[17]。该古河道由齐河县入境，斜贯县境中部，于济阳镇店子管区车前刘村分为两支，北支经垛石、曲堤、仁风镇入惠民县，南支经王明官庄、县农场东出县。总面积约491$km^2$，占县总面积45.6%。牧马河以西为古河道的主流中心带，沙层顶板埋深 5~10m，底板埋藏深度 25~45m，由粉砂、细砂、中砂组成。且自上而下可见到由细到粗的沉积规律，形成地下水强富水区。地下水除大气降水渗入补给外，还可得到县外西南部古河道地下水地下侧向径流的大量补给及河流渠道的渗漏补给、引黄灌溉回归补给等。经测算该水源地面积约190$km^2$，地下水总储量5.7亿 $m^3$，总补给量约6.90万 $m^3/d$（河流、渠道的渗漏补给量计算在内），可开采量5万 $m^3/d$。现状打井18眼，正常使用15眼，平均井深50m，单井涌水量1000~2000$m^3/d$。

### 4.5.4　再生水规划与可用水资源量

起步区范围内现状运行污水处理厂共3处，分别为桑梓店污水处理厂、临港污水处理厂、机场内部专用污水处理站[18]。大寺河流域起步区内暂无运行的污水处理厂。起步区已选址污水处理厂 6 处，分别为引爆区污水处理厂、崔寨污水处理厂、临空污水处理厂、鹊山污水处理站、万亩河塘污水处理站、综保区污水处理站。其中，大寺河流域起步区的引爆区污水处理厂为全地下污水处理厂，一期设计规模 2 万 $m^3$/d，处理工艺为"预处理+AAO+MBR"工艺，采用紫外线消毒，出水标准除总氮不高于 15mg/L 外，其他指标不低于《地表水环境质量标准》Ⅳ类水质标准，设计出水排入大寺河，最终汇入徒骇河。污水处理厂污泥成分经鉴定后，外运堆肥或焚烧处置，实现污泥减量化、稳定化和无害化。

## 4.5.5　起步区用水量

### 1. 用水量分析

根据《山东省水资源公报》《济南市统计年鉴》和起步区规划资料，推算大寺河流域（起步区段）2022 年总用水量约为 1229.79 万 $m^3$，其中农业用水量最多为 936.53 万 $m^3$，占总用水量的 75% 以上；生活用水量和工业用水量分别为 179.74 万 $m^3$ 和 75.68 万 $m^3$，分别占总用水量的 14.62% 和 6.15%；生态环境用水相对较少，为 37.84 万 $m^3$，仅占总用水量的 3% 左右（表 4.3）。据统计，大寺河流域起步区多年人均水资源量为 266.95$m^3$，远低于我国人均水资源量的 2200$m^3$ 和世界人均水资源量的 9000$m^3$，属于极度缺水地区（低于 500$m^3$）。

**表 4.3　2022 年大寺河流域（起步区段）各类用水量统计表**　　（单位：万 $m^3$）

| 年份 | 生活用水量 | 农业用水量 | 工业用水量 | 生态环境用水 |
|---|---|---|---|---|
| 2022 | 179.74 | 936.53 | 75.68 | 37.84 |

### 2. 供水量分析

根据《山东省水资源公报》《济南市统计年鉴》和起步区规划资料，推算大寺河流域（起步区段）2022 年供水量为 1229.79 万 $m^3$，其中当地地表水 0.61 万 $m^3$，黄河水 932.85 万 $m^3$，浅层地下水 295.09 万 $m^3$，再生水 1.24 万 $m^3$。以黄河水为主要供水水源，占总供水量 75% 以上；其次为地下水，占 20% 以上；当地地表水及其他水源供水量较少（表 4.4）。

**表 4.4　2022 年大寺河流域（起步区段）各类水源供水量统计表**　（单位：万 $m^3$）

| 年份 | 地表水供水量 | | 地下水 | 其他水源 | 合计 |
|---|---|---|---|---|---|
| | 提水 | 黄河水 | 浅层 | 再生水 | |
| 2022 | 0.61 | 932.85 | 295.09 | 1.24 | 1229.79 |

综上所述，起步区水资源现状问题如下：

①大寺河流域起步区现状城乡供水以农业和城镇生活用水为主，约占用水总量的 90%，主要依赖于引黄供水，主力水源较为简单，其他类型供水水量小，水源分散缺乏有效的备用水源，不能支撑济南新旧动能转换起步区的用水需求。

②大寺河流域起步区多年人均水资源量仅为 266.95$m^3$，属于极度缺水区。按照起步区规划，人口将从现状 42.5 万人增加至 2025 年的 65 万人，从 2021 年起步区地区生产总值为 61.1 亿元，增加至 2025 年的 600 亿元，大寺河流域起步区用水量和排污量将进一步增加。现状污水处理设施建设不完善，再生水回用率较低，未来社会经济发展与水资源短缺的矛盾将尤为突出。

③大寺河流域起步区在丰水年、平水年和枯水年的雨水资源量分别为 2849.72 万 $m^3$、2416.44 万 $m^3$ 和 1997.52 万 $m^3$，远大于大寺河流域起步区总用水量 1229.79 万 $m^3$（2022 年），雨水资源虽充沛，但多以直排为主，雨水资源化利用率较低。

## 4.6　起步区水环境现状分析

大寺河（起步区段）未布设水质监测断面，为全面和系统掌握大寺河流域起步区水环境情况，对大寺河起步区段水环境进行取样检测分析。通过对"中国知网"文献进行关键词检索，分析近年来水质指标研究趋势和热点，基于大寺河起步区段现状，确定水质检测指标为化学需氧量（COD）、总氮（TN）、总磷（TP）。

依照水质监测规范，在各采样点采样，每个采样点每次采 3 个平行样，取其均值作为水质实际测量值。其中，3 月 17 日、5 月 22 日和 6 月 20 日为晴天，4 月 4 日为雨天，该场次降雨时间为 2023 年 4 月 3 日 15 点 23 分至 2023 年 4 月 4 日 13 点 10 分，降雨强度为中雨，最大瞬时降雨量为 0.2mm/h，累积降雨量为 2.6mm。为便于后续降雨前后水质对比，将 2023 年 3 月 17 日采样定为雨前，

2023 年 4 月 4 日次采样定为雨后（所有水质采样过程均在降雨 3h 后进行）。采样点布设均满足 SL 219—2013《水环境监测规范》代表性和控制性要求。

### 4.6.1　水质采样点布设与水质

大寺河流域起步区水环境受河流水环境、地表径流水质和排污口水质的影响，就各影响因素进行水质采样与分析。

1. 大寺河起步区段水环境

受地理条件和现场施工等因素影响，大寺河上游河道较宽，水位较深，水流缓慢，晴天部分河段断流，形成"死水"区；下游河道较窄，水位较浅，但流速较快。大寺河流域起步区段现状主要用地类型为耕地，主要分布于大寺河下游，农田灌溉用水来自大寺河连接的沟渠。大寺河流域起步区内池塘较多，分布广泛，其中，赵家花园和大寺河中段的塘洼面积较大、分布集中。基于大寺河的现状条件，为全面反应大寺河现状水质和趋势，基于以下原则布设采样断面：①充分考虑本河段（地区）取水口、排污（退水）口数量和分布，污染物排放状况，水文及河道地形，支流汇入及水利工程情况，植被与水土流失情况，其他影响水质的因素等。②力求以较少的监测断面和测点位，获取最具代表性的水样，全面、真实、客观地反映该区域水环境质量及污染物的时空分布状况。③避开死水及回水区，选择河段顺直、河岸稳定、水流平缓、无急流湍滩且交通方便点位。④尽量与水文断面相结合，以取得有关的水文数据。现场大寺河起步区段共布设采样点 11 个（表 4.5、表 4.6、表 4.7），采样点编号分别为 1（36.767°N，117.008°E）、2（36.772°N，117.014°E）、3（36.783°N，117.016°E）、4（36.792°N，117.019°E）、6（36.828°N，117.037°E）、7（36.845°N，117.037°E）、8（36.865°N，117.047°E）、9（36.888°N，117.063°E）、10（36.910°N，117.075°E）、11（36.918°N，117.081°E）。其中，3 号采样点处有城镇污水汇入。此外，为获得区域内水体完整的水质信息，在大寺河中段的塘洼处布设采样点 5（36.795°N，117.021°E）。所有采样点均设置在河段顺直、河岸稳定、水流平缓、无急流湍滩且交通方便处，采样点布设位置和现场实景图如图 4.2 所示。

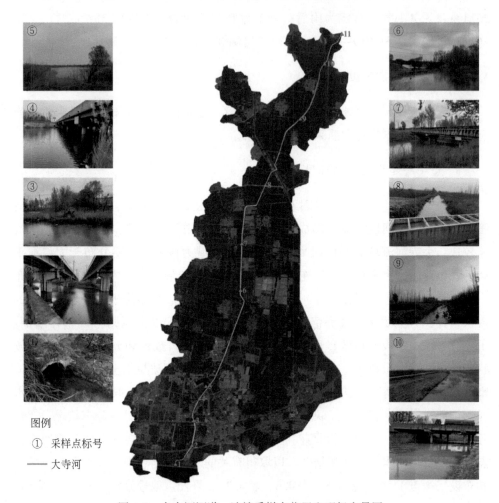

图例

① 采样点标号

—— 大寺河

图 4.2　大寺河河道、池塘采样点位置和现场实景图

表 4.5　大寺河河道、池塘采样点 COD 水质监测数据　　（单位：mg/L）

| 采样点编号 | 地理位置 | 3 月 17 日 | 4 月 4 日 | 5 月 22 日 | 6 月 20 日 |
|---|---|---|---|---|---|
| 1 | 36.767°N，117.008°E | 158.603 | 101.752 | 97.541 | 105.963 |
| 2 | 36.772°N，117.014°E | 154.392 | 93.329 | 68.062 | 47.006 |
| 3 | 36.783°N，117.016°E | 148.075 | 80.696 | 105.963 | 47.006 |
| 4 | 36.792°N，117.019°E | 129.125 | 97.541 | 118.597 | 47.006 |
| 5 | 36.795°N，117.021°E | 194.399 | 97.540 | 110.174 | 68.062 |
| 6 | 36.828°N，117.037°E | 177.554 | 89.118 | 84.907 | 139.653 |
| 7 | 36.845°N，117.037°E | 139.653 | 97.541 | 84.907 | 122.808 |

| 采样点编号 | 地理位置 | 3 月 17 日 | 4 月 4 日 | 5 月 22 日 | 6 月 20 日 |
|---|---|---|---|---|---|
| 8 | 36.865°N, 117.047°E | 221.771 | 110.174 | 89.118 | 105.963 |
| 9 | 36.888°N, 117.063°E | 190.187 | 97.541 | 93.329 | 38.584 |
| 10 | 36.910°N, 117.075°E | 213.349 | 105.963 | 105.963 | 59.640 |
| 11 | 36.918°N, 117.081°E | 261.778 | 97.541 | 97.541 | 34.373 |

**表 4.6　大寺河河道、池塘采样点 TN 水质监测数据**　（单位：mg/L）

| 采样点编号 | 地理位置 | 3 月 17 日 | 4 月 4 日 | 5 月 22 日 | 6 月 20 日 |
|---|---|---|---|---|---|
| 1 | 36.767°N, 117.008°E | 5.434 | 3.314 | 0.993 | 1.462 |
| 2 | 36.772°N, 117.014°E | 0.067 | 2.890 | 0.502 | 0.636 |
| 3 | 36.783°N, 117.016°E | 5.244 | 4.630 | 6.041 | 3.748 |
| 4 | 36.792°N, 117.019°E | 0.313 | 2.557 | 8.067 | 2.868 |
| 5 | 36.795°N, 117.021°E | 1.060 | 1.860 | 1.328 | 1.328 |
| 6 | 36.828°N, 117.037°E | 1.402 | 3.358 | 1.417 | 2.154 |
| 7 | 36.845°N, 117.037°E | 3.414 | 5.211 | 1.373 | 1.484 |
| 8 | 36.865°N, 117.047°E | 4.117 | 5.077 | 1.261 | 1.105 |
| 9 | 36.888°N, 117.063°E | 4.876 | 5.367 | 4.950 | 4.608 |
| 10 | 36.910°N, 117.075°E | 4.541 | 4.430 | 6.842 | 6.549 |
| 11 | 36.918°N, 117.081°E | 4.753 | 6.680 | 9.361 | 5.456 |

**表 4.7　大寺河河道、池塘采样点 TP 水质监测数据**　（单位：mg/L）

| 采样点编号 | 地理位置 | 3 月 17 日 | 4 月 4 日 | 5 月 22 日 | 6 月 20 日 |
|---|---|---|---|---|---|
| 1 | 36.767°N, 117.008°E | 0.596 | 0.195 | 2.105 | 1.979 |
| 2 | 36.772°N, 117.014°E | 0.295 | 0.395 | 1.478 | 1.478 |
| 3 | 36.783°N, 117.016°E | 1.010 | 0.295 | 1.829 | 1.478 |
| 4 | 36.792°N, 117.019°E | 0.521 | 0.824 | 1.979 | 1.238 |
| 5 | 36.795°N, 117.021°E | 0.690 | 0.977 | 0.977 | 1.102 |
| 6 | 36.828°N, 117.037°E | 0.270 | 0.295 | 1.478 | 1.230 |
| 7 | 36.845°N, 117.037°E | 0.258 | 0.421 | 1.729 | 1.854 |
| 8 | 36.865°N, 117.047°E | 0.784 | 0.421 | 1.227 | 1.227 |
| 9 | 36.888°N, 117.063°E | 0.934 | 0.195 | 0.726 | 1.478 |

续表

| 采样点编号 | 地理位置 | 3月17日 | 4月4日 | 5月22日 | 6月20日 |
| --- | --- | --- | --- | --- | --- |
| 10 | 36.910°N, 117.075°E | 0.884 | 0.195 | 1.979 | 1.353 |
| 11 | 36.918°N, 117.081°E | 0.809 | 0.270 | 1.979 | 1.102 |

**2. 起步区道路、建设用地和草地降雨径流水质**

2021年济南市起步区被列为国家级新型战略区，大桥分区是起步区的核心区，区域雨水系统应对水体污染和同步防治内涝是重要考核指标。根据《济南新旧动能转换起步区（大桥组团）规划方案》，大寺河流域起步区南部规划用地类型主要为道路、建设用地、绿地和水体，监测其径流水质，进一步掌握大寺河流域起步区地表径流水质状况，为流域水质改善提供依据。根据雨天现场调查，雨水地表径流采样点选择在鹊华九里居小区附近的耕地（麦田）。现场调查是4月，大寺河流域起步区大部分绿地处于生长期，选择大寺河2号采样点附近的绿地作为绿地径流采样点。大寺河流域起步区建设用地以住宅小区为主，选择鹊华九里居小区（36.789°N，116.993°E）和园丁花园社区（36.783°N，117.025°E）为建设用地径流采样点。选择鹊华九里居的道路（36.789°N，116.991°E）和G308国道进入鹊华九里居的十字路口（36.782°N，116.996°E）作为道路径流的采样点。采样点布设点位置和现场实景图如图4.3所示。

图4.3　道路、建设用地和绿地降雨径流水质采样点位置和现场实景图

### 3. 污水排放口采样点选择

通过现场调研，在大寺河3号采样点附近有一处城镇污水排放口，污水主要来自大桥街道居民生活用水。采样点布设点位置和现场实景图如图4.4和图4.5所示。

图4.4　污水排放口采样点位置　　　　　　图4.5　污水排放口采样点现场实景图

## 4.6.2　降雨前后大寺河流域水环境水质变化

### 1. 大寺河河道水质变化

大寺河河道水质COD变化情况。降雨前，大寺河河道水质COD浓度范围为129.13~261.78mg/L，雨后为80.70~110.17mg/L。上游河道COD浓度较下游河道浓度低，但差距较雨前减小趋势明显。大寺河河道雨后COD整体呈下降趋势；河道上游COD浓度变化较小，降低25%左右；下游河道COD浓度变化较大，降低超过了50%。虽然降雨过程会有营养物质的流入，但河道COD浓度总体呈降低，降雨稀释起主要作用，大寺河下游河道两侧用地类型以耕地为主，不定期地灌溉导致河道COD浓度波动较大。

大寺河河道水质TN变化。降雨前，TN的浓度范围为0.07~5.43mg/L，总体上，上游TN浓度较低，在城镇污水排放口处较高。雨后TN浓度范围为0.20~0.98mg/L，整体上，上游TN较低，下游TN较高。有73.53%的河段长度TN呈升高趋势，26.47%的河段长度TN为下降趋势，下游TN升高，上游TN下降。分析认为，一是由下游农田施肥增加，含氮污染源增多；二是下游河流随着季节变化，即使在雨季，下游河流流量仍然小于上游。

大寺河河道 TP 变化。降雨前，大寺河河道 TP 浓度范围为 0.26 ~ 1.01mg/L，中游 TP 浓度较高，上游和下游 TP 浓度相对较低。雨后，TP 浓度范围为 0.20 ~ 0.98mg/L，其中，Ⅴ类水（0.3mg/L<TP≤0.4mg/L）河段长度占全长 1.72%，劣Ⅴ类水河段占全长 98.28%。全河段雨后较雨前 TP 呈下降趋势，其中下游降低较为明显，上游次之，降雨稀释起主要作用，河岸植被带对地表径流中磷元素截留也发挥了一定作用。

按照地表水质，综合 COD、TN 和 TP 的数值，核算各类水质的河长占比，如表 4.8 所示，可以得出总体为劣Ⅴ类的结论。

表 4.8　各类水质河长占比

| 水质级别 | 浓度范围/（mg/L） | 河长占比/% |
|---|---|---|
| Ⅰ类 | <0.2 | 0.12 |
| Ⅱ类 | 0.2 ~ 0.5 | 1.03 |
| Ⅲ类 | 0.5 ~ 1 | 2.54 |
| Ⅳ类 | 1 ~ 1.05 | 0.25 |
| Ⅴ类 | 1.05 ~ 2.0 | 4.31 |
| 劣Ⅴ类 | >2 | 91.75 |

**2. 降雨前后流域起步区段塘洼水质变化**

由表 4.9 可知，池塘雨后 COD、TN、TP 浓度较降雨前均呈降低趋势，降低幅度分别为 49.82%、18.87%、24.03%，其中 COD 降低最明显，TN 和 TP 变化不显著。

表 4.9　塘洼降雨前后水质变化情况

| | 水质指标 | | |
|---|---|---|---|
| | COD/（mg/L） | TN/（mg/L） | TP/（mg/L） |
| 雨前 | 194.40 | 1.06 | 1.29 |
| 雨后 | 97.54 | 0.86 | 0.98 |

**3. 道路、建设用地、绿地径流水质**

由表 4.10 可知，各地类地表径流水质均属于劣Ⅴ类，其中，绿地径流水质相对较好。

**表 4.10　道路、建设用地、绿地径流水质**

| 用地类型 | 采样点标号 | 水质指标 | | |
| --- | --- | --- | --- | --- |
| | | COD/（mg/L） | TN/（mg/L） | TP/（mg/L） |
| 绿地 | 1 | 110.17 | 0.71 | 0.24 |
| 建设用地 | 1 | 93.33 | 0.85 | 0.67 |
| | 2 | 87.01 | 0.78 | 0.57 |
| 道路 | 1 | 242.83 | 1.57 | 1.92 |
| | 2 | 341.85 | 1.46 | 1.45 |

**4. 污水排放口水质**

由表 4.11 可知，污水排放口水质属于劣 V 类水，各项指标严重超过山东省目前执行的景观准四类标准[19]。

**表 4.11　污水排放口水质**

| COD/（mg/L） | TN/（mg/L） | TP/（mg/L） |
| --- | --- | --- |
| 160.70 | 3.48 | 2.92 |

## 4.6.3　水环境水质月度变化情况

**1. 大寺河河道 COD（3～6 月）月度变化情况**

由图 4.6 可知，3、4、5、6 月 COD 的范围分别为 129.13～261.78mg/L、80.70～110.17mg/L、68.06～118.60mg/L、34.37～139.65mg/L。大寺河河道 COD 浓度在 3 月最高，6 月最低。分析认为 3 月是农作物播种阶段，大寺河流域起步区用地类型主要为耕地，大量有机肥或者化肥随灌溉径流或尾水进入大寺河，导致河道中 COD 浓度较高；6 月是农作物收割期，该时段农田均处于闲置状态，且较长时间未施肥，随地表径流和农田尾水进入河道的 COD 总量较少。

从空间上分析，3 月上游河道两岸有植被带，植被带保持完整，没有外力干扰，两侧农作物较少，下游河道两岸无河岸植被带，两岸农田分布广泛 [图 4.7 (a)、(b)]，河岸植被带对污染物有截留作用，从上游至下游，随农田种植面积

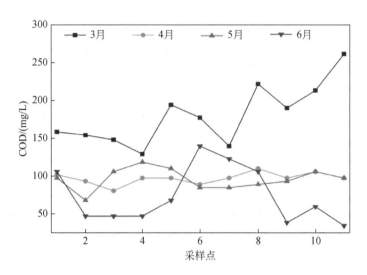

图 4.6　大寺河河道 COD（3~6 月）月度变化情况

的增加，农田流失污染物增加，导致下游河道 COD 浓度高于上游河道。4、5 月由于上游河道两侧河岸受道路施工及房屋施工等影响，下游河道两侧受农田施肥影响 ［图 4.7 (c)、(d)］，上下游 COD 相差不大。6 月，下游河岸植被带较宽且植物生长茂盛 ［图 4.7 (e)、(f)］，植被对 COD 的截留效果显著，导致下游河道 COD 浓度低于上游河道。不同季节河道两侧的缓冲带生长情况与河道 COD 的变化进一步证明了河道两侧的缓冲带对于缓解农田面源污染有重要作用。

(a)3月3号采样点　　　　　　　　　　　(b)3月9号采样点

(c)5月1号采样点施工　　　　　　　　　　　(d)5月9号采样点农田灌溉

(e)6月4号采样点河岸植被带　　　　　　　　(f)6月10号采样点河岸植被带

图 4.7　取样现场照片

## 2. TN（3~6月）月度变化情况

由图 4.8 可知，3、4、5、6 月 TN 范围分别为 0.07 ~ 5.43mg/L、1.86 ~ 6.68mg/L、0.50 ~ 9.36mg/L、0.64 ~ 6.55mg/L。总体上 4 月 TN 浓度最高，其次为 5 月，3、6 月次之。其中，4 月采样是雨天，地表的含氮污染物在雨水的冲刷下进入河流中，导致河道 TN 浓度较高。5 月，处于农田施肥期，农田中的含氮污染物通过尾水和地表径流进入河流中导致河道 TN 较高。6 月处于农作物收割阶段，农田不再施肥，加上植被截留作用，TN 浓度较低。

从空间上分析，上游 TN 略低于下游，这是由于大寺河河道下游流量逐渐减少（图 4.9），水体对污染物稀释作用降低，导致污染物浓度较高；同时下游是主要农田种植区，含氮物质随灌溉尾水流入河道较多，随着向河道下游延伸，灌溉尾水带入氨氮影响作用愈加明显。

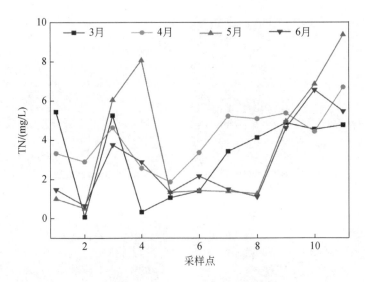

图 4.8　大寺河河道 TN（3～6 月）月度变化情况

(a)6月4号采样点河流实景　　　　　　　　　　(b)6月11号采样点河流实景

图 4.9　大寺河河道 6 月 4 号和 11 号取样现场照片

## 3. TP（3～6 月）月度变化情况

由图 4.10 可知，3、4、5、6 月大寺河河道 TP 浓度范围分别为 0.26 ～ 1.01mg/L、0.20 ～ 0.98mg/L、0.73 ～ 2.11mg/L、1.10 ～ 1.98mg/L。总体上，3 月和 4 月相差不大，且均低于 5、6 月。

从空间上分析，3、4 月随着上游居民生活污水的排入和下游农田含磷灌溉尾水的流入，上下游 TP 变化不大。5、6 月上游工厂开始生产，建筑和道路开始

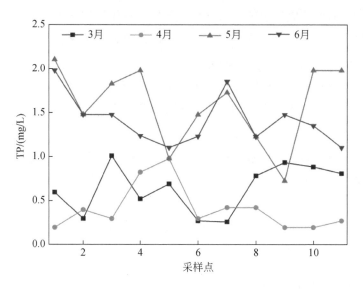

图4.10　大寺河河道TP（3～6月）月度变化情况

施工，如图4.11所示，河道上游TP浓度略高于下游。

(a)3月3号采样点桥梁施工现场　　　　　　(b)3月3号采样点建筑施工现场

图4.11　取样现场照片

综上所述，大寺河流域起步区水环境水质变化存在以下特点：

①受降雨稀释影响，大寺河河道水质浓度相比雨前会有所降低，但均处于劣V类。

②大寺河河道中、下游水质浓度相比上游普遍较高，主要由于中、下游河道两侧耕地播种过程中施加的化肥、农药等污染物随雨水直接冲刷进入河道，加重了污染物负荷。

③大寺河河道两侧植被带生长旺盛的区段，对污染物截留效果明显，水质相对较好，但仍达不到山东景观准四类水质标准；靠近排污口、工厂和建设用地的区段，人为干扰明显，水质相对较差。

通过现场调查与水质监测数据分析，可知造成大寺河水质恶化的原因如下：

①地表径流污染进入大寺河河道，导致河道水质恶化。

②大寺河流域起步区内暂无污水处理厂，污水直接排入河道造成污染。

③部分河段居民、单位水环境保护意识较为薄弱，存在向河道倾倒生活和建筑垃圾现象，一定程度上造成河道淤积和水质恶化。

# 4.7 起步区水安全现状分析

## 4.7.1 历史洪涝灾害分析[20]

### 1. 1961—1964 年大涝

起步区所在的海河流域1961~1964年经历了连续大涝，主要特点是长历时连续降雨成灾。1961年7~8月连续降雨后，10月又降大暴雨，形成夏秋连涝，受灾面积96万 hm²。1962年降雨及受灾情况与1961年基本相同。1963年4、5月及7、8月连续降大暴雨，形成春夏连涝，受灾面积达80万 hm²。1964年4月、7~8月、10月先后出现3次大暴雨，春、夏、秋三季连涝，成灾面积近116万 hm²，是新中国成立以来水灾面积最大的一年。

### 2. 2010 年大涝

2010年8月，起步区所在的海河流域连续遭遇5次强降雨，暴雨形成的洪水过程相互叠加，致使徒骇河、马颊河、德惠新河三条骨干河道水位同时上涨，发生1964年以来首次同时超警戒水位洪水。洪水过程主要呈以下特点：一是全流域同时发生洪水、洪峰流量大，三干流均出现超警戒水位洪水。受5次强降雨影响，全流域干支流河道同时发生洪水，徒骇河、马颊河、德惠新河三干流下游河段均出现超警戒水位洪水。徒骇河廿里堡闸最大流量1180m³/s，是有水文记载以来最大值。二是洪水持续时间长且消退缓慢。本次洪水两次涨落过程均遭遇天文大潮（11~14号和23~29号），受海潮顶托影响，洪水下泄缓慢，徒骇河下游超警戒水位运行达 17 天之久。2010 年 8 月强降雨使山东省海河流域损坏水利设施 4196 多处。受灾人口 372.85 万人；农田受灾面积 88.29 万 $hm^2$，成灾面积 56.56 万 $hm^2$，绝产面积 11.83 万 $hm^2$；损坏、倒塌房屋 8.225 万间，转移人口 26.77 万人，直接经济损失达 81.66 亿元。

### 4.7.2　灾害特点分析[20]

#### 1. 灾害频繁

流域降雨大都集中在汛期（6~9 月），由于防洪体系不够完善，河道泄水能力有限，每遇大的降雨便泛滥成灾。据统计，自 1368~1949 年的 580 多年中，出现洪涝灾害 362 次，平均 1.6 年一次，1949~2000 年的近 50 年间，发生洪涝灾害近 30 次，较大洪涝灾害近 10 次。

#### 2. 连旱连涝

自 1368~1949 年的 580 多年中，连旱、连涝两年以上分别为 35 次和 23 次，时间最长的旱灾出现在 1839~1854 年，16 年连续干旱，1961~1964 年连续 4 年大涝，1976~1989 年连续 14 年干旱。

#### 3. 旱涝交织

流域内旱涝基本规律是年内春旱、夏秋涝、晚秋又旱，年际之间是几年连旱之后又连续几年大涝。春夏之间连续无雨天数多年平均为 120 天，1961 年曾连续干旱 200 余天，进入雨季后又出现大涝。

### 4.7.3　大寺河河道现状及行洪能力分析

#### 1. 大寺河河道现状

大寺河属海河流域徒骇河水系，是徒骇河的支流，位于徒骇河右岸，全长 47.4km，济阳境内 35.1km，流域面积 360.5km²。担负崔寨、回河、稍门、索庙、济阳等乡镇的排涝及 5 个乡镇引黄灌区的尾水排放。如图 4.12 所示，大寺河全线无堤防。鹊山水库—邢家渡总干渠一干渠渡槽（0+000~12+000）范围河道底宽 10~20m，河道上口宽 40~60m，河底纵坡比 1/3000；邢家渡总干渠一干渠渡槽—大官闸（12+000～35+000）河道底宽为 10～30m，河道上口宽 32～70m，纵坡比为 1/5000；大官庄闸—魏家铺闸（35+000～48+000）河道底宽为 10～110m，河道上口宽为 40～130m，河底纵坡比为 1/10000，现状河道以梯形断面为主，边坡为 1∶2.5。

图 4.12　大寺河河道现状图

## 2. 大寺河行洪能力分析[21]

大寺河现状 64 雨型排涝流量为 6.7～87.44m³/s，61 雨型防洪流量为 10.3～136.41m³/s。以河道两侧地面高程为控制，大寺河全河段不满足 64 雨型排涝标准。

综上所述，大寺河流域起步区洪涝灾害成因包括以下方面：

（1）夏季雨量大且集中易造成内涝

流域年内降雨分配不均，降雨量主要集中在汛期，7、8 两个月暴雨发生频次较高，时程主要集中在 12h 内，约占暴雨量的 80%，夏季暴雨往往形成大洪水，甚至造成洪涝灾害。历史洪涝灾害较为频繁，平均 1.6 年一次。

（2）自然地势低平易造成内涝

流域地势平坦，地形坡度由南向北约为万分之二，汇流速度缓慢，洪水涨落较为缓慢，洪峰持续时间长，如遇连续暴雨，前峰尚未落平，后峰接踵而至，常形成复式洪峰或连续洪峰。同时上游河道比降大，源短急流，汇流时间短，峰高量小，暴雨产生的洪水顺河道和道路下泄，速度快，洪水直接冲击中心城区。中下游地区坡度平缓，地势低洼，上游洪水易积聚在低洼地带，不易排出，从而形成涝灾。下游地势低洼，河道狭长，洪水宣泄不畅，易形成上冲下淹的洪涝灾害。

（3）河道不满足行洪排涝标准和城镇化建设加大排水压力

部分河道受桥涵、道路等建筑物影响，过水断面偏小，阻碍泄洪，暴雨时桥前壅水现象时有发生，甚至造成地面积水。现状部分立交、铁路桥节点地势较低，存在竖向低点，没有相应采取提高管渠排水标准，没有滞蓄或强排措施。一些跨河桥涵断面较小，自然河道淤积严重，导致河道行洪断面不足，严重降低了河道排涝能力。随着城市建设发展，低洼地逐渐被开发利用，大部分滞洪区被盲目围垦、违法占用等，致使蓄滞洪面积越来越小，调蓄洪水能力大为减弱，如遇大面积暴雨，滞洪区将无法充分发挥削峰分流的作用，增大了沿河区域的洪涝灾害程度。

# 4.8　起步区水生态现状分析

土地是物质资源分布的载体，是生态系统中物质流、能量流等生态过程运行的场所。近 20 年来，大寺河流域起步区经济增长的同时土地利用、景观结构变化显著，不透水面增加阻断了水文循环过程，雨水下渗和地下水的补给量减少，径流量增加，径流污染加剧，受城市扩张影响，景观结构破碎化程度增加，生态结构稳定性降低，区域遭遇骤降雨、强降雨时的行洪能力减弱，水生态安全面临极大挑战。

## 4.8.1　流域土地利用变化

为了分析大寺河流域起步区 2002～2020 年土地利用变化，利用地理空间数据云选择 2002 年、2009 年、2015 年和 2020 年四期 Landsat 系列遥感影像和 ENVI 5.3 软件中的监督分类模块，并参考国家土地利用现状分类标准（GB/T 21010—2017）完成土地利用分类。借助谷歌地图、山东天地图、91 卫图等平台对分类结果进行精度验证，Kappa 系数均大于 80%，满足后续研究需要。选择的大寺河流域起步区遥感数据具体情况见表 4.12。

**表 4.12　大寺河流域起步区遥感数据源统计**

| 时间/年 | 数据源 | 影像日期 | 分辨率/m |
|---|---|---|---|
| 2002 | Landsat7-ETM | 2002-10-06 | 15 |
| 2009 | Landsat5-TM | 2009-06-11 | 30 |
| 2015 | Landsat8-OLI | 2015-06-12 | 15 |
| 2020 | Landsat8-OLI | 2020-08-28 | 15 |

如表 4.13 所示，2002 年、2009 年、2015 年和 2020 年，耕地是大寺河流域起步区域的主要基质，分别占总面积的 72.48%、64.76%、57.35% 和 62.31%。其间，耕地和未利用地面积呈先减少后增加的趋势。草地和建设用地面积呈现先增加后减少的趋势，水体呈微弱减少趋势。从年变化率角度分析，大寺河流域起步区草地面积不大，是研究期内土地利用变化最显著的用地类型，年变化率为 7.16%。其次是建设用地，年变化率为 2.45%。林地和未利用地年变化率相似，但方向相反，分别为 2.26% 和-2.19%。耕地和水体的年变化率最低，分别为 -0.78% 和-0.74%。

**表 4.13　土地利用类型面积及比例**

| 年份/年 | | 耕地 | 林地 | 草地 | 水体 | 建设用地 | 未利用地 |
|---|---|---|---|---|---|---|---|
| 2002 | 面积/hm² | 5471.57 | 456.41 | 354.42 | 276.35 | 661.07 | 329.02 |
| 2009 | | 4888.46 | 760.26 | 597.13 | 210.53 | 974.52 | 117.94 |
| 2015 | | 4329.63 | 548.16 | 1099.26 | 245.74 | 1288.03 | 38.03 |
| 2020 | | 4703.94 | 642.07 | 811.48 | 239.65 | 952.31 | 199.37 |
| 2002—2009 | 变化量/hm² | -583.11 | 303.85 | 242.71 | -65.82 | 313.45 | -211.08 |
| 2009—2015 | | -558.83 | -212.10 | 502.13 | 35.21 | 313.51 | -79.91 |
| 2015—2020 | | 374.31 | 93.91 | -287.78 | -6.09 | -335.72 | 161.34 |
| 2002—2020 | | -767.63 | 185.66 | 457.06 | -36.70 | 291.24 | -129.65 |
| 2002—2009 | 变化率/% | -1.52 | 9.51 | 9.78 | -3.40 | 6.77 | -9.16 |
| 2009—2015 | | -1.91 | -4.65 | 14.02 | 2.79 | 5.36 | -11.29 |
| 2015—2020 | | 1.73 | 3.43 | -5.24 | -0.50 | -5.21 | 84.85 |
| 2002—2020 | | -0.78 | 2.26 | 7.16 | -0.74 | 2.45 | -2.19 |

如表 4.14 和图 4.13 所示，2002—2020 年，大寺河流域起步区总转移面积为 3028.5hm²。耕地、林地、草地和建设用地是发生转移的主要用地类型。其中，

耕地转移量最大，共 1479.84hm² 的耕地转化为其他用地类型，其中耕地转化为草地所占比例最大，占 34.09%。其次是建设用地和林地，贡献率分别为 32.98% 和 25.89%。同时，共有 712.20hm² 的其他土地利用类型转为耕地，耕地面积减少 767.63hm²。其他土地利用类型转化为林地的面积为 585.66hm²。耕地对变化的贡献率为 65.44%，其次是未利用地，贡献率为 27.31%。总体上，林地面积增加 185.66hm²。草地的转入量为 771.55hm²，大于草地的转出量 314.50hm²，草地面积总体呈增加趋势。建设用地主要转化为耕地、草地和未利用地，分别占转出量的 33.18%、31.49% 和 30.67%。其他用地转化为建设用地的面积为 653.38hm²，其中耕地贡献最大。未利用地主要转为林地，面积为 159.96hm²，占未利用地转出量的 49.52%。同时，其他用地转为未利用地的面积为 193.40hm²，其中建设用地贡献最大，占未利用地转入总量的 57.43%，未利用地面积总体减少 129.65hm²。

表 4.14　2002～2020 年土地利用转移矩阵　　（单位：hm²）

| 2002 年 | 2020 年 | | | | | | |
| --- | --- | --- | --- | --- | --- | --- | --- |
| | 耕地 | 林地 | 草地 | 水体 | 建设用地 | 未利用地 | 转出 |
| 耕地 | 3999.71 | 383.23 | 504.42 | 39.02 | 488.02 | 65.15 | 1479.84 |
| 林地 | 191.63 | 56.41 | 89.88 | 31.94 | 77.55 | 9.00 | 400.00 |
| 草地 | 233.83 | 25.56 | 39.93 | 7.81 | 39.84 | 6.46 | 314.50 |
| 水体 | 88.81 | 3.16 | 24.64 | 127.34 | 30.69 | 1.71 | 149.01 |
| 建设用地 | 120.15 | 12.75 | 114.04 | 4.13 | 298.93 | 111.08 | 362.15 |
| 未利用地 | 77.78 | 159.96 | 38.57 | 29.41 | 17.28 | 5.97 | 323.00 |
| 转入 | 712.20 | 585.66 | 771.55 | 112.31 | 653.38 | 193.40 | 3028.50 |

2002～2009 年，在建立资源节约型和环境友好型社会的背景下，大寺河流域起步区产业结构得到调整，粗放型农业开始向集约型农业转变，将第二、三产业作为发展的主导产业。鼓励实施退耕还林政策，生态保护取得一定成效。这是导致该时期耕地面积减少，林地、草地和建设用地面积增加的主要原因，结果与表 4.14 一致。2009～2015 年，土地利用变化趋势与上一时期大体一致，产业结构调整速度加快，耕地面积进一步减少，为了保障粮食安全，化肥和农药用量相比上一时期增加了 3896.67kg。随着城市化发展，区域基础设施不断完善，道路连通性显著提高，城市扩张不可避免地占了部分生态用地，包括林地、草地和水体，生态景观破碎化现象明显。由于缺乏有效的土地管控措施，部分人工林呈现

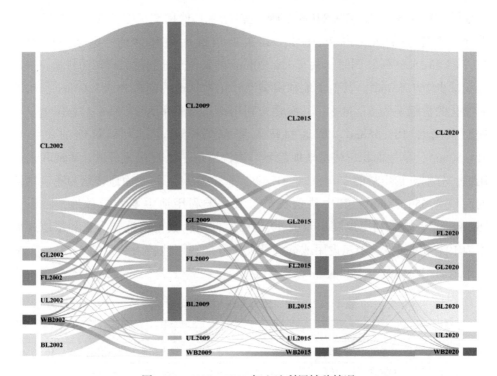

图 4.13　2002～2020 年土地利用转移情况

CL：耕地，FL：林地，GL：草地，WB：水体，UL：建设用地，BL：未利用地

一定程度的退化。该时期，经济发展与生态保护之间的矛盾凸显。2015～2020年，在生态文明建设的时代背景下，大寺河流域起步区域大力开展城市绿化、河道治理和土壤污染修复等一系列生态保护项目建设，生态用地显著恢复。为了引入高新技术产业，推进节能减排，提高居民生活质量，对部分老旧小区和主次道路逐步进行拆除、改造和升级，导致该时期建设用地减少。另一方面，建立了现代农业产业体系，鼓励发展优质高产特色农业，出现一定程度的复耕。

## 4.8.2　流域景观格局特征

景观格局指数是定量反映景观格局特征的常用方法，根据景观面积、形状、聚集性和多样性四大景观格局特征，从景观生态学角度反映人类活动对生态系统中物理、化学和生物等生态过程的影响[22]。运用 Fragstats 4.3 软件，选择景观格局指数进行景观格局特征分析，包括平均斑块面积（AREA_MN）、最大斑块指数（LPI）、斑块密度（PD）、边缘密度（ED）、平均形状指数（SHAPE_MN）、内聚力指数（COHESION）、蔓延度指数（CONTAG）、香农多样性指数（SHDI）8 种，分析大寺河流域起步区景观格局对人为干扰的响应特征。各指数计算公式及生态学意义如下。

平均斑块面积（AREA_MN）一定程度上反映景观破碎化程度。值越大，破碎化程度越低。计算公式为：

$$\text{AREA\_MN} = \frac{1}{n}\sum_{i=1}^{n} a_i \tag{4.2}$$

式中：$n$ 为某类斑块数量；$a_i$ 为斑块面积。

最大斑块指数（LPI）反映了景观优势度。值越大，优势景观越突出。计算公式为：

$$\text{LPI} = \frac{\max a_{ij}}{A} \times 100 \tag{4.3}$$

式中：$a_{ij}$ 为斑块面积；$A$ 为景观总面积。

斑块密度（PD）与斑块数量变化趋势一致，反映景观破碎化程度。计算公式为：

$$\text{PD} = \frac{N}{A} \tag{4.4}$$

式中：$N$ 为斑块总数；$A$ 为景观总面积。

边缘密度（ED）表示景观斑块边缘效应强弱。值越大，则斑块边缘形状越复杂，有利于增强斑块间物质、能量信息交换。计算公式为：

$$\text{ED} = \frac{\sum_{k=1}^{m} e_{ik}}{A} \tag{4.5}$$

式中：$e_{ik}$ 为景观类型 $i$ 的总周长；$A$ 为景观总面积。

平均形状指数（SHAPE_MN）反映景观斑块形状复杂性。值越大，形状越偏离方形，越不规则，是度量斑块形状最简单、直接的方法。计算公式为：

$$\text{SHAPE\_MN} = \frac{\sum_{i=1}^{m}\sum_{j=1}^{n}\left(\dfrac{0.25\,p_{ij}}{\sqrt{a_{ij}}}\right)}{N} \tag{4.6}$$

式中：$p_{ij}$ 为斑块 $ij$ 周长；$a_{ij}$ 为斑块 $ij$ 面积。

内聚力指数（COHESION）反映景观斑块间的自然连通性。值越大，则景观斑块分布越聚集，自然连通性越高，越有利于斑块间物种迁移和能量流动。计算公式为：

$$\text{COHESION} = \left[ 1 - \frac{\sum\limits_{i=1}^{m} \sum\limits_{j=1}^{n} p_{ij}}{\sum\limits_{i=1}^{m} \sum\limits_{j=1}^{n} p_{ij} \times \sqrt{a_{ij}}} \right] \times \left[ 1 - \frac{1}{\sqrt{Z}} \right]^{-1} \times 100 \qquad (4.7)$$

式中：$p_{ij}$ 为斑块 $ij$ 周长；$a_{ij}$ 为斑块 $ij$ 面积；$Z$ 为景观中斑块总数。

蔓延度指数（CONTAG）反映景观中不同斑块类型空间分布的聚集性。值越大，则分布越聚集；值越小，则斑块破碎化程度越高，分布越分散。取值 0 ~ 100。计算公式为：

$$\text{CONTAG} = \left[ 1 + \frac{\sum\limits_{i=1}^{m} \sum\limits_{k=1}^{m} \left[ p_i \left( \dfrac{g_{ik}}{\sum\limits_{k=1}^{m} g_{ik}} \right) \right] \times \left[ \ln \left( p_i \dfrac{g_{ik}}{\sum\limits_{k=1}^{m} g_{ik}} \right) \right]}{2\ln m} \right] \times 100 \qquad (4.8)$$

式中：$p_i$ 为斑块类型 $i$ 在景观总面积中的占比；$g_{ik}$ 为基于双倍法的斑块类型 $i$ 和 $k$ 之间的节点数；$m$ 为斑块类型数。

香农多样性指数（SHDI）反映景观异质性和复杂程度。值越小，则景观斑块越单一，景观结构越不稳定；值越大，则各斑块类型在景观中越趋于均衡化分布。计算公式为：

$$\text{SHDI} = -\sum_{i=1}^{m} (p_i \times \ln p_i) \qquad (4.9)$$

式中：$p_i$ 为斑块类型 $i$ 占景观面积的比例。

由表 4.15 可知，面积/密度/边缘特征分析结果显示，2002—2015 年平均斑块面积（AREA_MN）和最大斑块指数（LPI）均呈逐年减小趋势，而斑块密度（PD）呈逐年增加趋势，说明 13 年来大寺河流域起步区大面积完整斑块分割现象明显，优势景观面积减小，单位面积斑块数量增加，破碎化程度增加。2015—2020 年平均斑块面积和最大斑块指数呈增加趋势，斑块密度呈减小趋势，说明该时期单位面积斑块数量减少，小型斑块融合成大型斑块，景观斑块优势度增加，景观整体破碎化程度减小。边缘密度（ED）由 2002 年的 25.0506m/hm² 持续增加至 2020 年的 33.5033m/hm²，说明斑块边界复杂程度增加，有利于促进斑块间物质、能量交换。

形状特征分析结果显示，平均形状指数（SHAPE_MN）由 2002 年的 1.1679 增加至 2015 年 1.1961，主要是由于该时期经济社会的发展，人类对自然资源需求增加，大规模开发导致景观斑块形状复杂性增加。2015 ~ 2020 年，平均形状指数呈减小趋势，主要是由于该时期生态文明建设项目以及耕地保护政策的实施，土地整理趋于平整化、集中化，使得景观内斑块形状趋于简单化、规则化。

聚集性特征分析结果显示，蔓延度指数（CONTAG）与内聚力指数（COHESION）变化趋势一致。2002～2015 年蔓延度指数和内聚力指数均呈逐年减小趋势，说明受外界干扰影响，景观内斑块分布聚集性减小，斑块间结合度降低，景观整体破碎化程度增加，2015～2020 年二者均有一定程度的增加，说明在该时期景观内不同斑块类型聚集性增加，斑块间连通性增加，破碎化程度减小。

多样性特征分析结果显示，2002～2015 年香农多样性指数（SHDI）呈逐年增加趋势，由 2002 年的 1.0218 增加至 2015 年的 1.2347，说明景观内斑块类型组分多样性增加，斑块类型优势度减小且趋于均衡化分布，景观格局复杂性增加。之后，香农多样性指数由 2015 年的 1.2347 减小至 2020 年 1.2127，说明该时期景观内斑块类型向单一化方向发展，景观整体受一种或几种优势斑块类型控制的趋势增加，景观结构稳定性降低。

**表 4.15　2002～2020 年大寺河流域起步区景观格局指数**

| 年份 | AREA_MN/hm² | LPI/% | PD / （个/hm²） | ED / （m/hm²） | SHAPE_MN | COHESION | CONTAG /% | SHDI |
|---|---|---|---|---|---|---|---|---|
| 2002 | 11.3252 | 29.6718 | 4.1358 | 25.0506 | 1.1679 | 97.9562 | 51.9195 | 1.0218 |
| 2009 | 10.2252 | 22.3261 | 4.5699 | 26.8066 | 1.1776 | 96.1568 | 47.0406 | 1.1381 |
| 2015 | 7.6315 | 21.9810 | 6.1386 | 33.1511 | 1.1961 | 95.6808 | 41.0172 | 1.2347 |
| 2020 | 7.8354 | 25.4534 | 5.9774 | 33.5033 | 1.1949 | 96.7618 | 41.8260 | 1.2127 |

### 4.8.3　景观格局脆弱度分析

景观格局脆弱度是指景观格局受到自然或人为因素影响时，所表现出的景观生态敏感性和缺乏适应能力，从而导致景观结构、功能和特性易发生改变的属性[23]。景观格局脆弱性是反映景观格局对外界干扰的敏感程度和受到外界干扰时，维持正常的景观系统结构、功能和特性不发生改变的适应能力的一种属性，常用景观结构脆弱度指数表示[24]。景观格局脆弱度指数（LVI）是衡量景观生态脆弱性的指标，由景观敏感度指数（LSI）和景观适应度指数（LAI）构成[25]。景观格局脆弱度指数（LVI）定量表达区域景观格局生态脆弱性。景观敏感度指数（LSI）表示生态环境问题发生的难易程度，其变化速率越快，景观敏感性越强，由景观干扰度指数（$U_i$）和景观易损度指数（$V_i$）构成。景观干扰度指数（$U_i$）是指对外界干扰的变化程度，通常采用与干扰密切相关的景观类型破碎度（$FN_{ki}$）、分维数（$FD_{ki}$）和优势度（$DO_{ki}$）3种指数来构建，权重系数为$a$、$b$、$c$，分别设定为0.5、0.3和0.2；景观易损度指数（$V_i$）是土地利用易损程度与景观类型的有效结合。景观适应度指数（LAI）是用来表示景观在受外界干扰时表现出的适应与恢复能力，其与景观的结构、功能、多样性以及分布均匀程度紧密相关，具体计算公式如下：

$$景观格局脆弱度指数：LVI_k = LSI_k \times (1 - LAI_k) \tag{4.10}$$

$$景观敏感度指数：LSI_k = \sum_{i=1}^{n} U_{ki} \times V_i \tag{4.11}$$

$$景观干扰度指数：U_{ki} = aFN_{ki} + bFD_{ki} + cDO_{ki} \tag{4.12}$$

景观易损度指数（$V_i$）是土地利用易损程度与景观类型的有效结合，借鉴前人的研究成果，将景观类型易损度划分为6个相对权重值[26]，即未利用地为6、草地为5、林地为4、耕地为3、水域为2、建设用地为1。以上六种景观类型的易损度指数归一化值分别为0.2857、0.2381、0.1905、0.1429、0.0952和0.0476。

$$景观易损度指数：FN_{ki} = \frac{N_{ki}}{A_{ki}} \tag{4.13}$$

$$分维数：FD_{ki} = [2 \times \ln(P_{ki}/4)]/\ln(A_{ki}) \tag{4.14}$$

$$优势度指数：DO_{ki} = 0.4 \times \frac{N_{ki}}{N_k} + 0.6 \times \frac{A_{ki}}{A_k} \tag{4.15}$$

$$景观适应度指数：LAI_k = PRD_k \times SHDI_k \times SHEI_k \tag{4.16}$$

采用自然断点法将景观结构脆弱度指数统一分为V级高脆弱区（LVI≥0.2424）、IV级较高脆弱区（0.1946≤LVI<0.2424）、III级中等脆弱区（0.1548≤LVI<0.1946）、II级较低脆弱区（0.1136≤LVI<0.1548）和I级低脆弱区（LVI<0.1136）5个等级区域。研究表明，研究区景观格局脆弱度空间分布存在显著差异。

研究期间，研究区南部受人为活动影响较大，建设用地扩张侵占了周边部分耕地、林地和草地，景观破碎化程度相对较高。2020年政府实施的居住区拆迁以及道路升级和改造工程使南部区域景观破碎化程度进一步增加，低和较低脆弱区逐渐过渡为中等、较高和高脆弱区；中部和北部受土地整理和复垦政策影响，土地结构趋于简单化、规则化,景观破碎化程度减小,景观格局稳定性增强。结合不同时期土地利用分布图,总结研究区景观格局脆弱度空间分布具有以下特点:低和较低脆弱区主要与破碎化程度较小、连通性和完整性较高的耕地、水体和建设用地空间分布保持一致,该区域人为干扰程度较小,自我恢复能力较高;较高和高脆弱区主要与破碎化程度较高的草地、林地、建设用地及其周边部分耕地空间分布保持一致,在外界干扰条件下,该区域发生土地利用变化相对频繁,景观结构稳定性较差。同时,在未利用地、林地和草地集中分布区,景观优势度较高,景观多样性和均匀度较小,景观系统适应力较小,且该类景观易损度较高,该类区域景观格局脆弱性也相对较高;中等脆弱区主要分布在较高和高脆弱区的周边区域,虽具有一定适应性,但在外界干扰条件下发生土地利用变化的可能性仍较高。

如表 4.16 所示,2002~2020 年,低和较低脆弱区面积呈减少趋势,分别减少了 525.86hm² (6.96%) 和 472.42hm² (6.25%),而中等、较高和高脆弱区面积呈增加趋势,分别增加了 301.04hm² (3.99%)、388.54hm² (5.14%) 和 308.70hm² (4.08%)。研究区景观格局脆弱性总体呈增加趋势,主要表现为低和较低脆弱区向中等和较高脆弱区转移以及低和中等脆弱区向高脆弱区转移。

**表 4.16 2002~2020 年不同等级景观格局脆弱区面积统计**

| LVI 等级 | 2002 年 | | 2009 年 | | 2015 年 | | 2020 年 | |
| --- | --- | --- | --- | --- | --- | --- | --- | --- |
| | 面积/hm² | 比例/% | 面积/hm² | 比例/% | 面积/hm² | 比例/% | 面积/hm² | 比例/% |
| 低脆弱区 | 1906.31 | 25.25 | 1603.33 | 21.24 | 1090.56 | 14.45 | 1380.45 | 18.29 |
| 较低脆弱区 | 2434.09 | 32.24 | 2791.83 | 36.98 | 2715.93 | 35.98 | 1961.67 | 25.99 |
| 中等脆弱区 | 1986.87 | 26.32 | 2150.09 | 28.48 | 2461.23 | 32.60 | 2287.91 | 30.31 |
| 较高脆弱区 | 1012.08 | 13.41 | 856.25 | 11.34 | 1109.46 | 14.69 | 1400.62 | 18.55 |
| 高脆弱区 | 209.49 | 2.78 | 147.34 | 1.95 | 171.89 | 2.28 | 518.19 | 6.86 |

如图 4.14 所示,2002~2020 年 6 种景观类型的脆弱性指数总体均呈增加趋势。对于耕地,除了高脆弱区耕地分布增加了 130.46hm²,低、较低、中等和较高脆弱区耕地分布均呈不同程度的减少,分别减少了 373.58hm²、376.22hm²、132.44hm² 和 15.85hm²。耕地平均景观脆弱性增大,增幅为 5.36%。

对于林地,除了低和较低脆弱区林地分布呈减少趋势,分别减少了 48.85hm² 和 56.62hm²,中等、较高和高脆弱区林地分布均呈增加趋势,分别增加了

107.27hm²、114.25hm² 和 69.63hm²，林地平均景观脆弱性显著增大，增幅为 23.18%。

对于草地，低脆弱区草地分布较少且稍有减少，其他四类脆弱区草地均呈增加趋势。其中中等脆弱区草地增加最为显著，增加了 245.51hm²；较低和较高脆弱区次之，分别增加了 74.38hm² 和 119.90hm²；高脆弱区草地分布变化最小，增加了 30.68hm²。草地平均景观脆弱性增大，增幅为 5.65%。

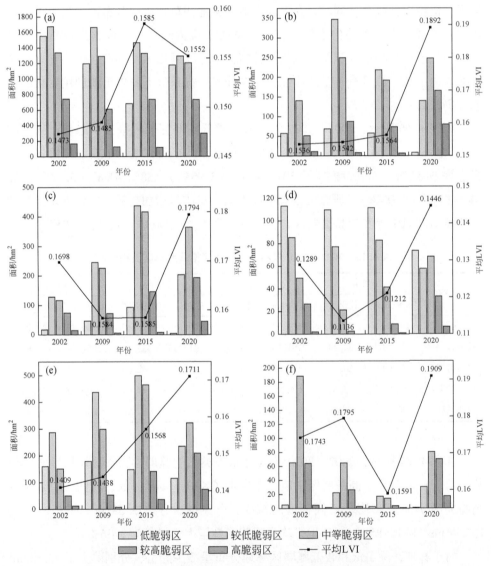

图 4.14 2002~2020 年各景观类型脆弱区面积和平均脆弱度指数

（a）耕地；（b）林地；（c）草地；（d）水体；（e）建设用地；（f）未利用地

对于水体,低和较低脆弱区水体分布呈减少趋势,分别减少了 39.55hm² 和 27.22hm²;中等、较高和高脆弱区水体分布均呈增加趋势,分别增加了 18.96hm²、6.55hm² 和 4.56hm²。水体平均景观脆弱性增大,增幅为 12.18%。

对于建设用地,除了低和较低脆弱区建设用地分布呈减少趋势,分别减少了 45.76hm² 和 51.97hm²,中等、较高和高脆弱区均呈增加趋势,分别增加了 170.70hm²、157.62hm² 和 60.65hm²。建设用地平均景观脆弱性显著增加,增幅为 21.43%。

对于未利用地,较高和高脆弱区未利用地分布呈增加趋势,分别增加了 6.05hm² 和 12.71hm²。低、较低和中等脆弱区未利用地分布均呈减少趋势,其中中等脆弱区未利用地分布变化最为显著,减少了 108.97hm²;较低脆弱区次之,减少了 34.76hm²;低脆弱区未利用地占比最小,由 2002 年的 4.68hm² 减少至 2020 年的 0.67hm²。未利用地平均景观脆弱性增大,增幅为 9.52%。

## 4.9　小　　结

起步区从以农业为主的区域,建设成为济南市城市副中心,建设用地面积大幅度增加,城市化率从不足 30% 增加到 50%,由城市化带来的起步区的水生态问题主要包括以下方面:

(1) 城市不透水面积率增加、水源涵养能力降低

按照规划在 5 年内,将完成城市副中心框架,快速城市化,导致城区不透水面积率激增,径流系数增加,水源涵养能力下降,地下水补充不足。

(2) 水资源短缺与气候变化造成城市未来水资源压力不确定性增加

现状区域供水能力不足,未来主要依靠黄河水和长江水调水等水源,本地雨洪资源利用不足,增加城市供水的不确定性。

(3) 区域洪涝灾害抵御能力弱,区域洪涝灾害的风险增强

(4) 景观斑块破碎化、生态结构稳定性降低

建设用地扩张,侵占生态用地,大型完整的斑块分割现象明显,斑块间聚集性减小,形状复杂性增加,结构稳定性降低。

(5) 景观格局脆弱度总体呈上升趋势

低脆弱性区向中、高脆弱性区转移,低、中脆弱性区向高脆弱性区转移。6 种景观类型的平均脆弱性均呈上升趋势。林地和建设用地的平均脆弱性指数变化

最大，分别增长 23.18% 和 23.18%。其次是水体和未利用地，分别增加了 12.18% 和 9.52%。耕地和草地相对较少，分别增加了 5.36% 和 5.65%。

（6）大寺河流域起步区景观格局脆弱度存在进一步增大风险

研究区是起步区中心片区、济南市城市副中心，是未来规划建设的重点区域，区域景观格局变化将更加复杂，景观格局脆弱度面临的风险进一步增强。

（王宜新　张　恺　王浩程　崔仁泽）

## 参 考 文 献

［1］国务院办公厅. 国务院办公厅关于同意济南新旧动能转换起步区建设实施方案的函. 2021-4-25.

［2］李雪钰. 水资源紧约束下济南新旧动能转换起步区用地模拟与蓝绿空间优化研究. 济南：山东建筑大学，2023.

［3］苏薇，方贤松. 浅析新旧动能转换背景下的城乡融合实施路径——以济南新旧动能转换起步区为例. 人民城市，规划赋能——2022 中国城市规划年会论文集（11 城乡治理与政策研究），中国城市规划学会，武汉：754-763.

［4］济南市自然资源和规划局. 济南市国土空间生态修复规划（2021—2035 年）. 2023.

［5］段进，薛松，刘晋华，等. 济南新旧动能转换起步区总体城市设计. 世界建筑，2023，（10）：34-36.

［6］山东办公厅. 济南新旧动能转换起步区发展规划（2021—2035 年）. 2022.

［7］《齐河县水利志》编纂委员会. 齐河县水利志. 1990.

［8］于星涛. 平原新区雨洪模型的研究及其在国土空间规划中的应用. 城市道桥与防洪，2023，（11）：211-214，326.

［9］宫玮，梁浩，龚维科，等. 济南新旧动能转换起步区绿色城市建设方案研究. 建设科技，2021，（19）：39-43.

［10］济南新旧动能转换起步区管理委员会. 济南新旧动能转换起步区防汛应急预案. 2022.

［11］钱宁，张仁，周志德. 河床演变学. 北京：科学出版社，1987.

［12］董耀华，惠晓晓，蔺秋生. 长江干流河道水沙特性与变化趋势初步分析. 江科学院院报，2008，25（2）：16-20.

［13］Horton R E. Erosion development of streams and their draining basins：hydrophysical approach to quantitative morphology. Bulletin of Geology Society of America，1945，（156）：275-370.

［14］李国青，付延东，朱晓燕. 提升鹊山水库供水能力的可行性分析. 山东水利，2022，（04）：53-55，58.

[15] 济南市人民政府. 济南市 "十四五" 水务发展规划. 2021.

[16] 济南市生态环境局关于对《济南市太平水库工程（一期）环境影响报告书》拟审查的公示. http://jnepb. jinan. gov. cn/art/2024/1/16/art_10490_4801674. html.

[17] 济南市清源水务集团有限公司. 济南市太平饮用水水源保护区调整方案. 2024.

[18] 济南市规划设计研究院. 济南市供排（污）水专项规划及三年建设规划——供水规划. 2018.

[19] 国家环境保护总局, 国家质量监督检验检疫总局. 地表水环境质量标准（GB 3838—2002）. 2002.

[20] 济南新旧动能转换起步区管理委员会. 济南新旧动能转换起步区防洪排涝专项规划说明书（2021—2035 年）. 2023.

[21] 山东省水利厅. 山东省中小河流治理工程初步设计指导意见. 2022.

[22] 龚建周, 夏北成. 景观格局指数间相关关系对植被覆盖度等级分类数的响应. 生态学报, 2007,（10）: 4076-4085.

[23] Rijsberman M A, Ven F H. Different approaches to assessment of design and management of sustainable urban water systems. Environmental Impact Assessment Review, 2000, 20（3）: 333-345.

[24] 张玉娟, 赵鹤, 钟浩. 松花江流域（哈尔滨段）景观格局脆弱性高程分异. 测绘与空间地理信息, 2020, 43（5）: 11-15.

[25] 付扬军, 师学义, 和娟. 汾河流域景观格局脆弱性时空分异特征. 水土保持研究, 2020, 27（3）: 197-202.

[26] 赵秀丽. 湿地景观格局脆弱性的多尺度评价方法. 大连: 辽宁师范大学, 2016.

# 第5章　流域城市高强度开发流域水生态健康安全评价与水生态韧性修复

　　水生态评价是对水生态系统进行全面、系统、科学的研究和评估，旨在了解和分析人类活动对水生态系统造成的影响，为水资源的合理利用和生态保护与修复提供科学依据[1-3]。水生态评价从最初的物理、化学评价，发展到单一物种评价，再拓展到某一类群的评价，最后到整个生态系统的综合评价，其理论体系和方法逐渐完善[4,5]，鉴于水生态评价多学科、多部门交叉融合的特性，水生态系统综合评价处于不断探索的过程中[6]。水生态系统是由生命和非生命物质组成的统一整体，水生态系统综合评价方法在水生生物的基础上有效整合环境变量，采用多参数的评价方法为全面评估水生态系统状况提供更全面、科学的支撑，代表性方法包括水生态系统服务评价、水生态系统健康评价和水生态系统安全评价。

　　水生态系统服务评价。生态系统服务是生态系统所形成的用于维持人类赖以生存和发展的自然环境条件与效用[7]，是人类从生态系统直接或间接获取的利益，生态系统服务包括供给服务、文化服务、调节服务、支持服务[8,9]。在一定尺度下，生态系统服务间非完全独立[10]，而是以多种复杂方式相互作用，这种复杂的相互作用的关系，使得为了获得更大的某种服务而改变生态系统时，势必会影响其他服务[11]。水生态系统服务评价的主要途径是定量化生态系统提供服务的能力、人类对服务的需求并比较供需平衡[12]，评价方法可分为生态模型法、问卷调查法和价值评价法等。常用生态模型包括 InVEST（integrated valuation of ecosystem services and tradeoffs）模型、SWAT（soil and water assessment tool）模型、ARIES（artificial intelligence for ecosystem services）模型等[13,14]，这些模型可以模拟生态过程，对生态系统服务进行定量评价，水生态系统服务评价能很好地评估生态系统为外界提供服务的能力[15]。

　　水生态系统健康评价。水生态健康是指水生态结构合理、功能健全，具有正常的能量流动和物质循环，能够维持自身的组织结构长期稳定，发挥其正常的生态环境效益，提供满足自然和人类需求的生态服务[16]。1989 年生态学家 Rapport 对生态系统健康的内涵进行了首次深入论述，提出了健康的生态系统是一个具有稳定性和可持续性的生态系统，在时间尺度上能够维持其组织结构，在空间上能够实现自我调节和对胁迫恢复的能力。健康的流域生态系统具有以下特征[17]：具体相对完整的流域（水陆）生态系统结构；对外界一定程度的干扰（自然和人为）具有较好的恢复能力；系统具有相对稳定的能量流和物质流，不依靠外界干预能够实现自我运转，这一点区别于大多数人工生态系统；能够与更高一级流域生态系统及其组成部分实现较好融合；能够为人类社会提供一定程度（经济或生态）的服务功能，并且是合乎自然和人类需求的生态服务等。1992 年，Costanza 将生态系统健康总结为 6 大类：自我平衡、无疾病、多样性或复杂性、稳定性和恢复性、活力或成长性，以及保持系统组件之间的平衡，这一分类为生态系统健康评价提供了新思路，被广泛采用[18,19]。1994 年国际生态系统健康学会（ISEHa）成立，发行 *Ecosystem Health* 期刊。2012 年环境保护部印发《关于开展流域生态健康评估试点工作的通知》，推动开展全国流域生态健康评估试点，促进流域治理从单一的水污染防治向综合水生态系统健康转变[20]。2013 年环境保护部印发了《流域生态健康评估技术指南（试行）》，确立了流域生态健康评估标准[21]。2020 年北京颁布《水生态健康评价技术规范》（DB11/T 1722—2020）地方标准。水生态健康没有形成统一的概念，对水生态健康评价没有制定统一的标准和技术方法，主要有压力状态响应（PSR）概念模型、灰色动态模型（GM）、合模糊物元 VIKOR 模型[22]。压力状态响应（PSR）概念模型是由经济合作与发展组织（OECD）和联合国环境规划署（UNEP）提出的[23]，基于因果关系，从生态系统面临的压力出发，探讨生态系统的结构和功能，制定缓解生态系统压力的政策措施，寻求人类活动与生态环境影响之间的因果关系，已得到广泛应用。

水生态系统安全评价。水生态系统安全是指人们在获得安全用水的设施和经济效益的过程中所获得的水既满足生活和生产的需要，又使自然环境得到妥善保护的一种社会状态，是水生态资源、水生态环境和水生态灾害的综合效应，兼有自然、社会、经济和人文的属性[24]。流域水生态安全是指在人类活动影响下，维持江河湖泊生态系统的完整性和保持健康状态，能够为人类稳定提供生态服务功能和免于生态风险持续状态[25]。

流域一般是指由分水线所包围的河流集水区，是地球陆地表面的特定地理单元，是地球陆地水及其所携物质在自然状态下、在重力作用的驱使下发生汇集、转移和沉积（或消耗）过程，并因此形成一系列彼此相互紧密联系、具有特定范围的区域集合[26]。流域是以水力联系自然形成的地理单元，其区域内各自然环境要素紧密联系，使环境问题往往具有流域性特征。流域作为一个独立汇水单元，具有生态属性，同时也是人类社会活动相对活跃的区域，是一个兼具社会-自然属性的复合生态系统[27]。建立流域整体管理的理念、进行环境管理体制改革和相关公共政策的制定是未来环境管理的发展方向。我国的环境管理，特别是水环境管理已经从行政区为管理单元的思路逐渐转向至从流域层面进行生态环境管理的理念[28]。

流域生态学理论，把河流仅视为流域的一个基本单元，高度重视其与流域内陆地生态系统间的相互关系，强调流域的系统性及完整性。国内外对水生态系统的修复已经提升到流域范畴，分析流域水生态系统演变过程，评价系统的健康状况，对于促进水生态系统建设及稳定发展在理论和实践上都具有重要意义[29]。流域的水生态结构稳定、合理、功能齐全，所蕴含的能量流动和物质循环能够发挥流域正常的生态环境效益，满足人类和自然需求，则称这个流域的水生态是健康[30]。

水生态健康安全作为评价水资源合理利用的重要内容之一，是决定区域经济高质量发展的核心因素，是实现人水和谐的关键措施[31]。水生态健康安全评价结果可为保护水资源、维持生态平衡提供重要依据[32]。对流域进行水生态健康安全评价，是基于健康与安全，从自然系统到社会的综合评价，将为流域的规划+管理和保护以及流域综合治理提供决策依据。以流域为单元，将流域内的生态系统、环境系统、社会经济系统纳入流域复杂系统进行分析，确定生态环境和社会经济各要素的内在联系和相互关系，并将各要素进行定量评估，为生态环境恢复和良性循环以及社会经济发展提供具有科学性、可操作性的现状分析和基础数据，显示其在基本状态上的发展趋势，针对评价结果对流域生态系统的某一层面采取相应保护、修复等对策措施，促进流域生态环境和社会经济全面协调和可持续发展。

流域生态系统健康评价的方法主要有指示物种法和指标体系法[33]两大类。指示物种法主要依靠水生生物完整性指数开展，通过生态调查得到流域河流的浮游植物、浮游动物、底栖动物等，建立适合研究对象的生物完整性指数；指标体系法主要是根据研究对象特点、研究目的，从不同角度筛选具有代表性评价指标，确定流域生态健康等级。指示物种法相较于指标体系法更简便快捷，但是难以反映人类、社会经济等方面对生态健康的影响，而且指示物种法通常涉及多个物种，难以明确每个物种的指示作用，物种监测过程中参数选择会对最终结果带来影响，指标体系法需要根据研究对象进行代表性指标筛选，这一过程较为复杂，但是不同方面的指标可以从多个方面体现研究对象的实际情况，更加准确地表现评价对象的健康状况，评价结果比较贴合实际。

流域健康状况评价模型。自 1925 年美国的 Streeter 和 Phelps 建立 S-P 模型（Streeter-Phelps）以来，目前采用较多的评价方法主要有：水基系统评价模型、改进物元分析模型、生物完整性指数法、溪流指数法、模糊评价方法、压力状态响应概念（Pressure-State-Response Model，PSR）模型以及景观格局分析方法等[29]。PSR 模型是世界银行、联合国粮农组织、联合国发展署、联合国环境署联合开展的土地质量指标（land quanlity indicators，LQI）研究项目提出的研究成果[34]，它是一个概念性框架，由互为因果关系的压力、状态和响应三部分组成，即由于人类活动对生态环境资源产生压力；生态环境资源因压力改变了其原有的性质或自然资源的数量（状态）；人类又可通过技术及管理政策对这些变化作出反应（响应）。PSR 模型被运用于流域生态系统健康评价，并逐渐成为开展流域生态系统健康评价研究的主流[35,36]。

基于第 4 章调研成果得出的重要结论：大寺河流域起步区段在短时间内（2020～2035 年）人口数将从 42 万增加到 180 万，地区生产总值从 53 亿增加到 600 亿，公共基础设施建设规模大，区域土地开利用强度高，水生态、水资源、水环境和水安全都面临巨大压力。济南起步区剧烈的土地利用变化影响流域生态系统格局，驱使生态系统服务及其关系发生变化，评估济南大寺河起步区段的水生态健康安全状况，可以为区域规划和管理政策制定提供依据，具有现实意义。结合地域特征和生态环境问题，采用基于 PSR 模型的多指标综合评价法，通过定性与定量相结合的系统分析，克服了主观判断的影响，使流域内的一切生产及生活动与流域生态系统的承载力相协调[37]，将流域内环境、资源、社会、经济在内的诸要素看成一个整体，形成流域环境管理体系[38]。统筹协调水资源-生态环境-社会经济发展的多维度、全过程，融合自然和人工生态系统，建立生态流域理论技术体系。以水循环天然和人工调节为主线，在保持流域生态系统结构和功能健康的前提下，以流域生态文明、社会经济高质量可持续发展为目标，通过流域总体规划、设计、建设和管理运行，使流域内人类的生活、生产活动与生态系统的承载力相协调，维持流域水生态系统健康安全。

# 5.1　大寺河流域起步区水生态健康安全评价

评价大寺河流域（起步区段）水生态系统健康状态，了解水生态系统健康变化趋势，明确影响水生态健康安全的主要因子，为治理与修复提出参考方向与目标。流域水生态健康安全评估方法采用多指标综合评价法，利用 PSR 模型框架，建立指标体系，表征流域水生态健康安全状况和生态系统的作用机理，从宏观尺度上构建自然过程和生态脉络，解释城市化对水生态空间的影响。

综合考虑人类活动对水生态健康安全产生的压力、压力导致的水资源、水环境、水安全和水生态所处状态，政府部门为改善水生态环境所采取的政策措施，构建 PSR 水生态健康安全评价模型框架，该模型以流域水生态系统互动关系为基础，具有系统性、综合性和清晰的因果关系等优势；评价指标体系包括流域水生态特征指标、流域功能指标及其细化指标，克服了单一指标法和主要指标法的缺点，有助于为区域管理提供可操作的行动指引，以便针对性地开展水生态修复和建设[39]。

## 5.1.1　评价体系构建

### 1. 评价指标选取原则

在分析大寺河流域起步区水资源、水生态、水环境问题及水安全成因的基础上，以水面恢复、水质达标、洪涝改善、生态修复为目标，利用 PSR 模型法，构建水生态健康安全评价指标体系，指标体系构建遵循以下原则：

①指标具有科学性，概念清晰。所选指标遵循《国务院关于实行最严格水资源管理制度的意见》《国务院办公厅关于加强湿地保护管理的通知》《水污染防治行动计划》《绿色发展指标体系》和《生态文明建设考核目标体系》等生态文明建设相关要求和行业标准规范，各指标的定义有明晰的科学内涵，各指标的统计计算方法有科学理论依据，能较为准确地反映水生态健康安全要求。

②指标具有全面性，利于综合评价。水生态健康安全评价指标体系必须具有全面性，既要涵盖水生态系统的健康状态，还要体现水生态系统服务，也要反映大寺河流域的水生态安全现状，也要体现未来发展趋势，具有一定的预测和预警作用；所选指标定量和定性相结合，以定量指标为主，尽量避免重要指标难以量

化或定性指标量化后不能准确反映具体情况。

③指标具有层次性，便于考核。流域水生态安全管控的范围尺度存在差异，指标表征的内涵也有所不同，为了能更合理地考核区域范围内的指标落实情况，在指标选择阶段对指标进行了分级分类，以便从约束性和指导性两个角度制定地方考核标准。

④指标具有代表性，易于获得。在充分考虑各项影响因素的前提下，选择能够突出反映流域水生态健康安全问题的评价指标，同时综合考虑指标数据的可获得性。

### 2. 指标体系构建方法

（1）纵向结构构建方法——逻辑关系法

基于 PSR 模型的逻辑关系，构建水生态环境压力、状态与响应关系分析模型。

（2）横向结构构建方法——层次分析法（analytic hierarchy process，AHP）

在众多横向结构构建方法中，层次分析法是处理多目标、多准则、多因素、多层次等复杂问题与进行综合评价的一种实用且有效的方法。在层次分析法中：

第一层是目标层，反映不同时期大寺河流域起步区水生态健康安全状况的综合评价值。

第二层是准则层，包含压力、状态、响应因子 3 类影响因素。

第三层是指标层，分别描述压力、状态、响应的一组基础性指标，是针对 3 类准则因素分别选择的具体指标项。

采用层次分析法和逻辑关系法建立大寺河流域（起步区段）水生态健康安全状况评价模型的指标体系。

### 3. 模型中各准则层影响因素分析

P 是人类社会活动与经济增长对大寺河流域起步区水生态健康安全带来的压力，包括城市化率、人口密度、用水量、有效灌溉面积、废水排放总量、每公顷耕地化肥/农药施用量等指标。

S 是压力作用下水生态系统在水资源、水环境、水安全和水生态方面所处状态，其中水资源方面包括年降雨量、年均相对湿度、人均日生活用水量和供水量等指标；水环境方面包括 $NH_3$-N 排放量、COD 排放量和 $SO_2$ 排放量等指标；水安全方面包括综合径流系数、最大积水量、最大积水面积、平均水深等指标；水生态方面包括生态用地面积、水体破碎度、水体景观脆弱度和生态服务功能价值等指标。

R 是人类社会对生态环境状况所采取的措施与行动，包括污水集中处理率、绿化覆盖率、生态环保投资和科技教育投资等指标。

从压力、状态、响应 3 个角度选取城市化率、人口密度、每公顷耕地化肥/农药施用量、废水排放总量、人均日生活用水量、供水量、综合径流系数、最大积水量、最大积水面积、污水集中处理率、生态环保投资等 28 个因子，建立水生态健康安全状况评价指标体系，如表 5.1 所示。

表 5.1　大寺河流域起步区水生态健康安全状况评价指标体系及各指标权重

| 目标层 | 准则层 | | 指标层 | 指标性质 | 权重 |
|---|---|---|---|---|---|
| 水生态健康安全 | 压力 | 社会经济 | 城市化率/% | 正向 | 0.0356 |
| | | | 人口密度/(人/km²) | 负向 | 0.0039 |
| | | | 用水量/m³ | 负向 | 0.0266 |
| | | | 有效灌溉面积/hm² | 正向 | 0.0319 |
| | | | 废水排放总量/万吨 | 负向 | 0.0393 |
| | | | 工业废水排放量/万吨 | 负向 | 0.0239 |
| | | | 生活废水排放量/万吨 | 负向 | 0.0463 |
| | | | 每公顷耕地化肥施用量/kg | 负向 | 0.0316 |
| | | | 每公顷耕地农药施用量/kg | 负向 | 0.0352 |
| | 状态 | 水资源特征 | 年降雨量/mm | 正向 | 0.0423 |
| | | | 年均相对湿度/% | 正向 | 0.0019 |
| | | | 人均日生活用水量/L | 负向 | 0.0148 |
| | | | 供水量/m³ | 正向 | 0.0245 |
| | | 水环境特征 | $NH_3$-N 排放量/t | 负向 | 0.0417 |
| | | | COD 排放量/t | 负向 | 0.0764 |
| | | | $SO_2$ 排放量/t | 负向 | 0.0527 |
| | | 水安全特征 | 综合径流系数 | 负向 | 0.0014 |
| | | | 平均积水深度/m | 负向 | 0.0265 |
| | | | 最大积水量/万 m³ | 负向 | 0.0469 |
| | | | 最大积水面积/hm² | 负向 | 0.0250 |

续表

| 目标层 | 准则层 | | 指标层 | 指标性质 | 权重 |
|---|---|---|---|---|---|
| 水生态健康安全 | 状态 | 水生态特征 | 生态用地面积/hm² | 正向 | 0.0296 |
| | | | 水体破碎度 | 负向 | 0.0416 |
| | | | 水体景观脆弱度 | 负向 | 0.0140 |
| | | | 生态服务功能价值/万元 | 正向 | 0.0062 |
| | 响应 | 生态措施 | 污水集中处理率/% | 正向 | 0.0565 |
| | | | 绿化覆盖率/% | 正向 | 0.0081 |
| | | 环保投资 | 生态环保投资/万元 | 正向 | 0.0984 |
| | | | 科技教育投资/万元 | 正向 | 0.1172 |

### 4. 指标权重计算方法

采用熵值赋权法和综合系数法，具体步骤如下。

（1）数据标准化

采用极差法对不同量纲指标的原始数据进行标准化处理，即所有指标的数值越大越反映水生态安全，或反之。具体公式如下：

对越大越安全的指标：
$$Y_{ij} = \frac{X_{ij} - X_{j\min}}{X_{j\max} - X_{j\min}} \times 10 \tag{5.1}$$

对越小越安全的指标：
$$Y_{ij} = \frac{X_{j\max} - X_{ij}}{X_{j\max} - X_{j\min}} \times 10 \tag{5.2}$$

式中：$X_{ij}$、$Y_{ij}$ 分别表示第 $i$ 年第 $j$ 个指标的原始值和标准化后的值；$X_{j\min}$、$X_{j\max}$ 分别表示第 $j$ 个指标的最小值和最大值。

（2）确定权重

本研究采用客观变异系数法计算各指标权重，具体公式如下：

$$\delta_j = \frac{D_j}{\overline{X}_j}, \quad A_j = \frac{\delta_j}{\sum_{j=1}^{n} \delta_j} \tag{5.3}$$

式中：$\delta_j$、$D_j$、$\overline{X}_j$、$A_j$ 分别表示第 $j$ 个指标的变异系数、均方差、均值和权重。

构建的水生态健康安全评级体系及各指标权重分配如表 5.1 所示。

（3）综合指数法

在上述评价指标体系、数据标准化和权重计算基础上进行水生态健康安全状况综合评价，采用水生态健康安全综合指数来表征区域水生态健康安全状况，水生态健康安全综合指数计算公式如下：

$$W_i = \sum_{j=1}^{n} A_j Y_{ij} \tag{5.4}$$

式中：$W_i$ 为第 $i$ 年的综合评价值。

（4）评价等级划分

直接标准化后计算得出的数据无法直观地对水生态健康安全状况进行评价，需对水生态健康安全水平进行等级划分，运用不等划分法对综合指数以及评判标准进行等级划分，结果见表 5.2。

表 5.2　水生态健康安全状况评价等级划分

| 综合指数 | 评价等级 | 水生态健康安全状况 | 特征 |
|---|---|---|---|
| 0~2 | I | 恶劣（重警） | 水生态系统服务功能接近崩溃，生态环境破坏严重，生态系统结构残缺不全，生态问题严重，经常演变成生态灾害 |
| 2~4 | II | 较差（中警） | 水生态系统服务功能严重退化，生态环境遭受较大程度的破坏，生态恢复困难，生态问题较严重，生态灾害较多 |
| 4~7 | III | 一般（预警） | 水生态系统服务功能已退化，生态结构发生变化，但可维持基本功能，生态问题显现，生态灾害时有发生 |
| 7~9 | IV | 良好（较安全） | 水生态系统服务功能比较完善，生态环境破坏较少，生态系统较完整，功能尚好，生态问题不显著，生态灾害发生概率小 |
| 9~10 | V | 理想（安全） | 水生态系统服务功能基本完善，功能性强，恢复能力强，生态问题不显著，生态灾害发生概率很小 |

## 5.1.2　评价指标数据获取

### 1. 直接获取

表 5.1 涉及的 28 个水生态健康安全评价指标中，压力层和响应层中的所有指标（城市化率、人口密度、用水量等 13 个指标）、状态层中反映水资源特征

(年降雨量、年均相对湿度、人均日生活用水量和供水量 4 个指标) 和水环境特征的指标 ($NH_3$-H、COD 和 $SO_2$ 排放量 3 个指标) 可通过查阅济南市统计年鉴、天桥区统计年鉴、济阳区统计年鉴、山东省水资源公报、起步区历史资料和规划文本和第 4 章现场采样分析直接获取。

2. 间接获取

表 5.1 中涉及的状态层中反映水安全特征的各项指标 (综合径流系数、平均积水深度、最大积水量、最大积水面积 4 个指标)、反映水生态特征的景观格局特征指标 (生态用地面积、水体破碎度和水体景观脆弱度 3 个指标) 和生态服务功能价值指标,需要借助水文水动力模型、景观生态模型以及当量因子数学模型,通过建立土地利用变化与洪涝水文和生态系统服务功能价值之间的响应关系间接获取。具体方法如下。

(1) 水安全特征指标数据获取

水安全特征指标数据包括综合径流系数、平均积水深度、最大积水量和最大积水面积。2021 年 11 月济南新旧动能转换起步区修编了防洪排涝专项规划,将防洪作为保障区域水生态安全的重点。大寺河上游区域的大桥片区是未来济南城市副中心,开发建设强度大,土地利用变化引起洪涝的危害风险增大,利用内涝模型模拟识别洪涝高风险区域并分析其发生与土地利用变化之间的关系,获取水安全特征指标数据 (综合径流系数、平均积水深度、最大积水量和最大积水面积)。

①数据来源。大寺河流域起步区 DEM 数据由济南新旧动能转换起步区管理委员会建设管理部提供,分辨率 10m;2002～2020 年土地利用数据来源于第 4 章提取的用地类型;降雨量数据来源于大寺河流域起步区附近 (36.683° N、116.983°E) 水文站点监测数据。

②内涝模型模拟方法。DEM 修正:实地对比多处建筑用地处高程与 DEM 数据差值,发现建筑用地处的高程与周围用地高程差值小于 2.00m,与实际不符。因此,为凸显建筑物的阻水能力,统一将建设用地 DEM 拔高至 35.00m,即洪水不可淹没的高度。由于道路路沿石一般高 0.15m,为凸显道路的行洪能力,将道路用地高程降低 0.15m 处理;对比地形图中多处大寺河底高程和多处实测高程数据,地形图中大寺河河底高程平均比实测大寺河河底高程高 1.50m。因此,将大寺河河底进行降低 1.5m 处理。

设计降雨雨型：为了分析大寺河流域起步区 2002~2020 年土地利用变化引起的洪涝水文效应，结合大寺河流域起步区规划资料，将四个年份的降雨重现期 $P$ 设为 50a，降雨历时设为 1h，采用济南市暴雨强度公式（芝加哥法）设置降雨雨型。济南市暴雨强度公式如下：

$$q = \frac{1421.481(1+0.932\lg P)}{(t+7.347)^{0.617}} \tag{5.5}$$

式中：$q$ 为降雨强度，mm/min；$P$ 为重现期，取值为 50a；$t$ 为降雨历时，取值为 1h，设计降雨情景如图 5.1 所示。

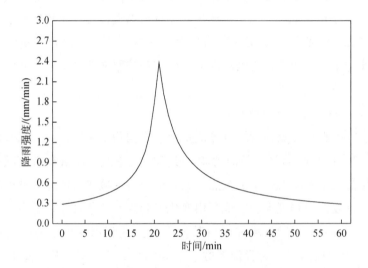

图 5.1　重现期为 50a，降雨历时 1h 时的降雨情景

模型构建：内涝模型采用 MIKE 模型，利用模型中 MIKE URBAN 一维管网模型、MIKE 11 一维河流模型、MIKE 21 二维地表漫流模型、MIKE FLOOD 耦合模型进行模拟；城市管网模型 MIKE URBAN 是基于 GIS 开发的，可以提供强大的 GIS 功能，形成较为完整的城市水文动力模拟系统。大寺河起步区段总长 19.21km。降雨时，下游有临域雨水和河水汇入，设为 Q-t 开边界，下游为自由出流，设为 Q-H 开边界；河道的初始水位设为 22.80m，河道初始基流为 2.4m³/s，曼宁系数为 30.00m$^{1/3}$/s；MIKE21 二维地表漫流模型的参数设置参考相关文献和实测资料，初始水位设置为 0.00m，干水深和淹没水深分别设置为 2.00mm 和 3.00mm，模拟时间间隔为 1.00s，区域内无任何源的汇入和汇出，曼宁系数为 40.00m m$^{1/3}$/s。

洪涝风险等级划分：洪水风险性分析是对致灾因子的特征进行分析，获取洪涝的淹没范围、淹没水深、流速和淹没历时等属性，为下一步暴露性、脆弱性分析做准备。其中淹没水深是最常用的属性，结合北京 2022 年 7 月 21 日发布的"北京城市积水洪涝风险底图"通知和相关文献资料，将积水深度 15cm 作为下限，当积水深度大于 15cm 时，行人和汽车驾驶员难以辨别地面情况和车道位置，有安全隐患；当积水深度大于 27cm 时，车辆会因积水淹没排气管造成车辆熄火和交通拥堵；当积水深度大于 40cm 时，可能造成部分一层建筑进水；当积水深度大于 60cm 时，会造成成年人难以站稳、汽车进气口进水等严重人身和财产威胁。综上，将风险等级判断阈值水深定为 15cm、27cm、40cm 和 60cm，如表 5.3 所示。

表 5.3　洪涝风险等级划分标准

| 风险等级 | 积水深度/m | 危险程度 |
| --- | --- | --- |
| 1 | ≥0.6 | 可能造成严重的人员伤亡和财产损失 |
| 2 | (0.4, 0.6) | 部分积水进入建筑 |
| 3 | (0.27, 0.4) | 显著影响交通，道路拥堵 |
| 4 | (0.15, 0.27) | 影响行人通行，车辆行驶缓慢 |
| 5 | ≤0.15 | 基本不影响行人和机动车通行 |

③不同时期洪涝灾害分布与特征指标数据与分析。大寺河流域起步区各时期洪涝灾害最大积水量和最大积水面积统计见表 5.4。为了凸显各洪涝等级在影像图的分布情况，将洪涝等级中的 5 级中积水深度在 0.10m 以下的区域视为无风险区域。研究表明，不同时期，洪涝发生区域在一定程度上随土地结构变化而发生转移。2002 年，大寺河流域起步区以一级洪涝风险区为主，最大积水面积占比为 33.53%，其次是四级风险区，占比为 27.48%。大寺河流域起步区中西部以及东南部区域洪涝风险等级相对较高，主要是由于该区域不透水面积比较高，且径流系数较小的林地、草地面积较少，地表径流较大。

2002~2009 年，大寺河流域起步区最大积水量减少了 370.97 万 m³，最大积水面积减少了 299.23ha，其中一级洪涝风险区内二者减少最明显，分别减少了 58.88% 和 54.20%。主要由于该时期退耕还林/还草等生态保护项目的实施，区域整体透水性良好的林地、草地面积增加，使得大寺河流域起步区综合径流系数减小。同时，建设用地等透水性较差的地类周边林地、草地景观优势度提升，使得径流下渗能力增强，洪涝积水量源头控制效果增强。

2009~2015年，经济社会快速发展，建设用地面积达到了1288.03hm²，是2002年的近1倍，建设用地大量增加导致不透水面比增加。同时，部分林地资源管理不当出现一定退化，河道两侧洪涝现象明显，该时期最大积水量增加了12.42%，增加量为470.56万m³，最大积水面积增加了11.57%，增加量为302.59hm²，主要集中在一级洪涝风险区的增加，分别占该时期二者增加量的90.86%和71.78%。

2015~2020年，大寺河流域起步区南部洪涝风险呈增加趋势，主要由于该区域老旧小区拆除，道路改造、升级，使得南部林地、草地面积减少，破碎化程度增加，行洪能力减弱。相反，中部、北部洪涝风险减小，主要由于该时期土地整理和生态文明建设项目的实施使得区域耕地趋向规则、平整，林地、草地优势度增加，破碎化程度减小，行洪能力增强。该时期大寺河流域起步区最大积水量增加了121.67万m³，最大积水面积增加了104.1hm²。

表5.4　不同时期各洪涝等级最大积水量和最大积水面积

| 年份 | 等级 | 最大积水量/万 m³ | 最大积水面积/hm² | 年份 | 等级 | 最大积水量/万 m³ | 最大积水面积/hm² |
|---|---|---|---|---|---|---|---|
| 2002 | 1级 | 578.87 | 406.58 | 2015 | 1级 | 708.57 | 488.80 |
| | 2级 | 58.29 | 120.67 | | 2级 | 67.42 | 139.41 |
| | 3级 | 63.21 | 196.11 | | 3级 | 67.81 | 202.73 |
| | 4级 | 65.84 | 332.02 | | 4级 | 66.85 | 329.68 |
| | 5级 | 19.24 | 157.05 | | 5级 | 21.75 | 174.15 |
| | 总和 | 785.45 | 1212.43 | | 总和 | 932.4 | 1334.77 |
| | 综合径流系数 | 0.3257 | | | 综合径流系数 | 0.3273 | |
| 2009 | 1级 | 238.01 | 186.21 | 2020 | 1级 | 830.51 | 608.67 |
| | 2级 | 36.54 | 77.23 | | 2级 | 68.23 | 142.45 |
| | 3级 | 56.45 | 175.11 | | 3级 | 70.40 | 214.67 |
| | 4级 | 64.13 | 318.57 | | 4级 | 66.95 | 326.36 |
| | 5级 | 19.35 | 156.08 | | 5级 | 17.98 | 146.72 |
| | 总和 | 414.48 | 913.2 | | 总和 | 1054.07 | 1438.87 |
| | 综合径流系数 | 0.3218 | | | 综合径流系数 | 0.3202 | |

总体来看，2002~2020年，洪涝风险区总体由大寺河流域起步区北部、中部向

南部转移。最大积水量增加了 268.63 万 $m^3$，最大积水面积增加了 226.46$hm^2$。其中一级风险区变化最为显著，二者分别增加了 43.47% 和 49.71%；二级风险区次之，分别增加了 17.05% 和 18.05%。南部作为大寺河流域起步区未来重点发展区域，应重点关注城市化发展带来的洪涝风险。

（2）水生态特征指标获取

水生态特征指标包括生态用地面积、水体破碎度、景观结构脆弱度和生态服务功能价值，其中生态用地面积由 2002~2020 年土地利用数据获取（表4.13）。

水体破碎度和景观结构脆弱度：景观结构脆弱度反映环境敏感度及适应度[40]，由第 4 章景观结构脆弱度分析中获取。

生态系统服务价值是利用货币价值量化生态系统服务功能的方法[41]。核算生态系统服务价值，量化自然资产价值，了解生态系统质量及变化，激发生态系统保护的内生动力，增强生态系统服务价值提升的主动性，为生态资源的有偿使用与相关政策制定、区域生态规划提供科学依据[42]。土地作为人类生产、生活的载体，土地利用模式直接影响生态系统提供的服务种类与供给程度，土地覆盖变化会驱动生态系统服务功能的改变，利用土地覆盖类型量化生态系统服务价值，欧阳志云等[43]、谢高地等[44]以 Costanza 等[45]研究成果为基础，构建了生态系统服务评估体系，形成以土地利用变化为基础的生态系统服务价值量化方法。

①数据来源。2002~2020 年土地利用数据来源于第 4 章提取的用地类型；社会经济数据，如 2002~2020 年济南市主要粮食（小麦、玉米、大豆）的播种面积和总产量、济南市居民消费价格指数来源于济南市统计年鉴、山东省统计年鉴；2002~2020 年粮食价格数据来源于全国农产品成本收益资料汇编。

②生态系统服务价值（$ESV_S$）核算方法的修正。目前应用较多 $ESV_S$ 评估方法主要包括模型法，如 Invest（Integrated Valuation of Ecosystem Services and Trade-offs）生态系统服务和权衡的综合评估模型、当量因子法[46]。模型法输入参数较多、机理过程复杂、可模拟的服务功能数量较少，且模型工具多由外国机构研发，对中国区域应用存在一定局限性。当量因子法是由中国学者谢高地基于 Costanza 的全球尺度 ES 研究结果，通过对中国生态专家的问卷调查，提出的适用于中国尺度生态系统的 $ESV_S$ 定量评估方法，通过建立各生态系统面积、各生态系统生态功能对应的当量因子值以及标准当量的经济价值三者之间的数学方程，进而得到中国尺度生态系统 $ESV_S$[47]，计算公式如下：

$$ESV_S = \sum_{l=1}^{n} \sum_{i=1}^{m} D \times E_{li} \times S_l \tag{5.6}$$

$$D = P \times Y_0 \times 1/7 \qquad (5.7)$$

式中：$ESV_S$ 表示全国生态系统服务价值；$D$ 表示单位当量因子的经济价值量，用全国平均粮食单产市场价值的 1/7（元/hm²）表示；$P$ 表示全国平均粮食市场价格（元/kg）；$Y_0$ 表示全国平均粮食单产（kg/hm²）；$E_{li}$ 表示第 $l$ 型生态系统的第 $i$ 种生态服务功能当量因子值；$S_l$ 第 $l$ 型生态系统的面积。生态系统服务功能的分类和含义见表 5.5。

表 5.5　生态系统服务分类和意义

| 类型 | 子类型 | 物理意义 |
| --- | --- | --- |
| 供给服务 | 食物生产 | 为人类提供可食用的动植物产品 |
|  | 原材料 | 生态系统为人类提供木材、稻草或纤维 |
| 调节服务 | 空气质量调节 | 对二氧化碳、二氧化硫、氟化物和氮氧化物的吸收，以维持大气化学平衡 |
|  | 气候调节 | 对区域小气候调节，如温度和湿度 |
|  | 水文调节 | 对生活、农业和工业用水的供应，以及对雨水的拦截和储存 |
|  | 废物处理 | 植物和生物体对过量营养物质和化合物的去除和降解，包括对人类生活垃圾的处理和农药的降解 |
| 支持服务 | 土壤保持 | 有机质的积累、养分的循环（氮、磷等）和水土保持 |
| 文化服务 | 维持生物多样性 | 对野生动植物基因、群落和栖息地的保护 |
|  | 娱乐和文化 | 给人类带来娱乐和艺术欣赏的能力，例如生态旅游 |

区域尺度生态系统当量因子的静态修正：式（5.6）和式（5.7）可有效评估全国尺度的 $ESV_S$，但对于区域尺度仍存在局限性，主要由于全国生态系统当量因子存在区域差异性。基于此，利用 2002~2020 年区域平均粮食单产、全国平均粮食单产以及山东省生物量因子将全国尺度生态系统当量因子修正至区域尺度。由于大寺河流域起步区土地利用结构相对简单，仅提取了 6 种主要的用地类型，为了更好地对应中国陆地生态系统的类型，参考谢高地 2008 年提出的当量因子表[48]。根据大寺河流域起步区土地利用分类结果，取湿地和湖泊 ES 当量因子的平均值作为水体的当量因子，参考前人研究，将建设用地的当量值赋值设为 0。区域尺度生态系统生态功能静态当量因子修正公式如下：

$$UE_{li} = K \times E_{li} \qquad (5.8)$$

$$K = \frac{Y}{Y_0} \times B \qquad (5.9)$$

式中：$UE_{li}$修正后的区域第$l$型生态系统的第$i$种生态服务功能当量因子值；$K$表示区域生态系统当量因子修正系数；$Y$表示大寺河流域起步区 2002 ~ 2020 年平均粮食单产（$kg/hm^2$）、$Y_0$表示 2002 ~ 2020 年全国平均粮食单产（$kg/hm^2$）。

像素尺度生态系统当量因子的动态修正：经式（5.8）和式（5.9）修正后的区域生态系统静态当量因子仍无法体现生态系统的空间异质性特征，即每种生态系统的生态功能被赋予了固定的当量因子值，实际上不同时间、区域上的同一生态系统也存在一定差异。为了弥补这一不足，需对区域生态系统静态当量因子进行动态修正。假设生态系统服务价值与生态环境质量成正比，即生态环境质量越好，则生态系统服务供给能力越强，生态系统服务价值越高。遥感技术具有覆盖范围广、速度快且周期性长的特点。随着"3S"技术的发展，利用遥感技术反演得到遥感生态指标来评估生态环境质量的方法已逐渐成熟，且可有效反映生态环境的空间异质性特征。在遥感生态指标中，绿度（normalized difference vegetation index，NDVI）、湿度（WET）、热度（land surface temperature，LST）、干度（normalized difference soil index，NDSI）与人类生活最为密切且应用最多，分别包含生态环境中植被、水文、大气和土壤方面的特征信息。因此，创新性地利用以上四个指标构建生态环境质量指数 EEQI，并将其作为修正系数，实现像素尺度生态系统生态功能静态当量因子的动态修正，修正公式如下：

$$DUE_{kli} = UE_{li} \times \frac{EEQI_{value,kl}}{EEQI_{mean,l}} \tag{5.10}$$

式中：$DUE_{kli}$表示像素$k$处的$l$型生态系统的第$i$种生态功能的当量因子值，$EEQI_{value,kl}$表示像素$k$处的$l$型生态系统的 EEQI 值；$EEQI_{mean,l}$表示大寺河流域起步区$l$型生态系统的 EEQI 平均值。

EEQI 指数是对湿、绿、热和干度四个生态指标进行 PCA 主成分分析得到一种反映生态环境质量的多维数据的压缩表征，该表征包含了湿度、绿度、热和干度的大部分信息。由于四个生态指标的单位和取值范围不同，在进行主成分分析之前需进行归一化处理。在归一化之前，需要去除导致图像偏移量较大的异常点，需要处理的异常点数量约占整个图像的 0.01% ~ 0.05%。然后，利用 ENVI 5.3 软件中的 PCA 旋转工具生成 EEQI 单波段图像。该方法的优点是可以消除主观因素对结果的影响。最后，将生态环境质量指数 EEQI 再次归一化至 0 ~ 1，数值越高，表明生态环境质量越好，生态系统服务潜力越大；数值越低，表明生态环境质量越差，生态系统服务潜力越差。公式如下：

$$\text{NI}_i = (I_i - I_{\min}) / (I_{\max} - I_{\min}) \tag{5.11}$$

$$\text{EEQI}_0 = \text{PCA}[f(\text{NI}_{\text{NDVI}}, \text{NI}_{\text{WET}}, \text{NI}_{\text{LST}}, \text{NI}_{\text{NDSI}})] \tag{5.12}$$

$$\text{EEQI} = (\text{EEQI}_0 - \text{EEQI}_{\min}) / (\text{EEQI}_{\max} - \text{EEQI}_{\min}) \tag{5.13}$$

式中：$\text{NI}_i$ 为像元 $i$ 的归一化生态指标（湿、绿、热、干）值；$I_i$ 是像素的初始值；$I_{\max}$ 和 $I_{\min}$ 分别为初始最大值和最小值；$\text{EEQI}_0$ 为生态指标综合评价结果；$\text{NI}_{\text{NDVI}}$、$\text{NI}_{\text{WET}}$、$\text{NI}_{\text{LST}}$ 和 $\text{NI}_{\text{NDSI}}$ 分别为归一化的 NDVI、WET、LST 和 NDSI 值。

如表 5.6 所示，主成分分析得到 4 个年份 EEQI 指数的第一主成分 PC1 特征值百分比分别约为 86.22%、86.17%、89.88% 和 85.71%，说明 PC1 综合了 4 个变量的大部分信息，且 4 个年份的 PC1 中，NDVI 和 WET 均为正系数，LST 和 NDSI 均为负系数，PC1 各指标相对稳定。其他成分（PC2、PC3、PC4）的 4 个指标的符号和大小不稳定，难以解释生态现象。因此，使用第一主成分 PC1 作为 EEQI。

表 5.6　主成分分析结果

| 年份 | 指标 | PC1 | PC2 | PC3 | PC4 |
|------|------|------|------|------|------|
| | NDVI | 0.6822 | 0.2591 | −0.2224 | −0.5666 |
| | WET | 0.5876 | −0.3953 | −0.2128 | 0.3439 |
| 2002 | LST | −0.3298 | −0.2304 | 0.8363 | 0.0661 |
| | NDSI | −0.3827 | 0.3953 | 0.3439 | 0.3740 |
| | 特征值 | 0.0333 | 0.0066 | 0.0032 | 0.0010 |
| | 特征值百分比 | 86.2241 | 8.9315 | 3.3226 | 1.5218 |
| | NDVI | 0.5438 | −0.6725 | −0.2510 | 0.4244 |
| | WET | 0.5204 | −0.1180 | 0.2956 | −0.6652 |
| 2009 | LST | −0.3193 | 0.4700 | −0.1528 | −0.3521 |
| | NDSI | −0.2510 | 0.2884 | 0.4851 | −0.2564 |
| | 特征值 | 0.0663 | 0.0095 | 0.0039 | 0.0017 |
| | 特征值百分比 | 86.1742 | 8.6543 | 3.4515 | 1.7200 |
| | NDVI | 0.6339 | −0.4837 | 0.5101 | −0.2126 |
| | WET | 0.5424 | −0.6326 | −0.2678 | 0.5159 |
| 2015 | LST | −0.3884 | −0.3916 | −0.4620 | −0.3214 |
| | NDSI | −0.2799 | 0.4314 | 0.3127 | 0.5155 |
| | 特征值 | 0.04688 | 0.0055 | 0.0035 | 0.0004 |
| | 特征值百分比 | 89.8814 | 7.6425 | 2.1243 | 0.3517 |

续表

| 年份 | 指标 | PC1 | PC2 | PC3 | PC4 |
|---|---|---|---|---|---|
| | NDVI | 0.5510 | 0.4709 | −0.3971 | −0.3263 |
| | WET | 0.5546 | −0.4679 | −0.5456 | 0.4709 |
| 2020 | LST | −0.2918 | 0.4883 | 0.5504 | −0.3057 |
| | NDSI | −0.2145 | 0.4341 | 0.5027 | −0.3163 |
| | 特征值 | 0.0957 | 0.0059 | 0.0049 | 0.0009 |
| | 特征值百分比 | 85.7113 | 7.6642 | 4.8761 | 1.7483 |

四个遥感生态指标的具体计算公式如下。

湿度：采用湿度分量表示湿度指数，湿度分量与地表水、土壤和植被的湿度有直接关系。Landsat5 TM/Landsat 7ETM 和 Landsat 8 OLI 的湿度分量表达式分别为：

$$\text{WET}_{\text{TM}} = 0.0315\,\rho_{\text{blue}} + 0.2021\,\rho_{\text{green}} + 0.3102\,\rho_{\text{red}} + 0.1594\,\rho_{\text{NIR}}$$
$$- 0.6806\,\rho_{\text{SWIR1}} - 0.6109\,\rho_{\text{SWIR2}} \tag{5.14}$$

$$\text{WET}_{\text{ETM}} = 0.2626\,\rho_{\text{blue}} + 0.2141\,\rho_{\text{green}} + 0.0926\,\rho_{\text{red}} + 0.0656\,\rho_{\text{NIR}}$$
$$- 0.7629\,\rho_{\text{SWIR1}} - 0.5388\,\rho_{\text{SWIR2}} \tag{5.15}$$

$$\text{WET}_{\text{OLI}} = 0.1511\,\rho_{\text{blue}} + 0.1973\,\rho_{\text{green}} + 0.3283\,\rho_{\text{red}} + 0.3407\,\rho_{\text{NIR}}$$
$$- 0.7117\,\rho_{\text{SWIR1}} - 0.4559\,\rho_{\text{SWIR2}} \tag{5.16}$$

式中：$\rho_i$ 分别为 TM、ETM 和 OLI 传感器各波段的行星反射率。

绿度：归一化植被指数（NDVI）是反映区域生态环境质量最敏感的参数，与植物生物量、叶面积指数和植被覆盖度密切相关。表达式为：

$$\text{NDVI} = (\rho_{\text{NIR}} - \rho_{\text{red}}) / (\rho_{\text{NIR}} + \rho_{\text{red}}) \tag{5.17}$$

热度：地表温度（LST）是反映地表热环境的重要物理参数，直接或间接地影响植被分布、作物产量和地表水蒸发。本研究采用大气校正方法反演地表温度。具体反演过程如下：

$$\text{LST} = \frac{K_2}{a\lg\left(\dfrac{K_1}{T_{\text{S}}} + 1\right)} - 273 \tag{5.18}$$

$$T_{\text{S}} = \left[L_\lambda - L^{\uparrow} - \tau \times (1-\varepsilon) \times L_{\downarrow}\right] / (\tau \times \varepsilon) \tag{5.19}$$

$$L_\lambda = \text{gain} \cdot \text{DN} + \text{bias} \tag{5.20}$$

$$\varepsilon = \begin{cases} 0.995 & \text{NDVI}<0 \\ 0.9589+0.086\times f_V-0.067\times f_V^2 & 0\leqslant\text{NDVI}<0.7 \\ 0.9625+0.0614\times f_V-0.0461\times f_V^2 & 0.7\leqslant\text{NDVI} \end{cases} \quad (5.21)$$

$$f_V = \begin{cases} 0 & \text{NDVI}<0.05 \\ (\text{NDVI}-0.05)/(0.7-0.05) & 0.05\leqslant\text{NDVI}<0.7 \\ 1 & 0.7\leqslant\text{NDVI} \end{cases} \quad (5.22)$$

式中：LST 为实际地表温度；$K_1$、$K_2$ 为图像元数据中得到的缩放系数；$T_S$ 为同一温度下黑体的热辐射亮度；$L_\lambda$ 为图像的光谱辐射值；$L^\uparrow$、$L^\downarrow$ 分别为大气向上、向下辐射亮度；$\tau$ 和 $\varepsilon$ 分别为大气在热红外波段的透射率和表面发射率；$f_V$ 为图像的植被覆盖度；gain、DN 和 bias 分别为热红外波段的增益值、像元灰度值和偏置值。

干度：用归一化土壤指数（NDSI）表示干度，包括土壤指数（SI）和建筑物指数（IBI），计算公式为：

$$\text{NDSI} = (\text{SI}+\text{IBI})/2 \quad (5.23)$$

$$\text{SI} = [(\rho_{\text{SWIR1}}+\rho_{\text{red}})-(\rho_{\text{blue}}+\rho_{\text{NIR}})]/[(\rho_{\text{SWIR1}}+\rho_{\text{red}})+(\rho_{\text{blue}}+\rho_{\text{NIR}})] \quad (5.24)$$

$$\text{IBI} = \{2\rho_{\text{SWIR1}}/(\rho_{\text{SWIR1}}+\rho_{\text{NIR}})-[\rho_{\text{NIR}}/(\rho_{\text{NIR}}+\rho_{\text{red}})+\rho_{\text{green}}/(\rho_{\text{green}}+\rho_{\text{SWIR1}})]\}/$$
$$\{2\rho_{\text{SWIR1}}/(\rho_{\text{SWIR1}}+\rho_{\text{NIR}})+[\rho_{\text{NIR}}/(\rho_{\text{NIR}}+\rho_{\text{red}})+\rho_{\text{green}}/(\rho_{\text{green}}+\rho_{\text{SWIR1}})]\} \quad (5.25)$$

③粮食价格的修正。为获得更为科学准确的 $\text{ESV}_S$ 评估结果，除上述对当量因子的修正之外，还需考虑通货膨胀对粮食价格波动的影响。因此，利用居民消费价格指数将各年份平均粮食价格均修正至 2020 年水平，公式如下：

$$\frac{\text{CPI}_1}{\text{CPI}_0}\times\frac{\text{CPI}_2}{\text{CPI}_1}\times\frac{\text{CPI}_3}{\text{CPI}_2}\times\cdots\times\frac{\text{CPI}_i}{\text{CPI}_{i-1}}=\frac{\text{CPI}_i}{\text{CPI}_0} \quad (5.26)$$

$$P_n = P_i\times\frac{\text{CPI}_n}{\text{CPI}_0} \quad (5.27)$$

$$\text{UD} = P_n\times Y\times 1/7 \quad (5.28)$$

式中：CPI 为济南市居民消费价格指数；$P_i$ 和 $P_n$ 分别为修正前后区域平均粮食（稻谷、小麦、玉米和大豆）价格（元/hm²）；UD 为调整后的区域标准当量因子经济价值（元/hm²）；$Y$ 为大寺河流域起步区 2002～2020 年平均粮食单产（kg/hm²）。

④网格尺度 $\text{ESV}_S$ 评估模型的改进。为了便于理解 $\text{ESV}_S$ 的空间分布特征，采用等间距系统采样法表示 $\text{ESV}_S$，设置采样区域网格大小为 150m×150m，共有 3566 个样区。利用 ArcGIS 10.6（ESRI, Redlands, CA, USA）对大寺河流域起

步区空间格网数据进行分割，得到各样区各地类面积，并将基于式（5.10）~式（5.28）得到的像素尺度各生态系统生态功能当量因子在各样区内的平均值作为样区内各生态系统生态功能当量因子的修正值。参考式（5.6）和式（5.7）将各样区各土地利用类型的 $ESV_S$ 进行汇总，最后得到大寺河流域起步区总 $ESV_S$。改进型 $ESV_S$ 评估模型如下：

$$V_{yli} = UD \times DUE_{ymli} \tag{5.29}$$

$$V_y = \sum_{l=1}^{n} \sum_{i=1}^{m} V_{yli} \times S_{yl} \tag{5.30}$$

$$ESV_S = \sum_{y=1}^{a} V_y \tag{5.31}$$

式中：$DUE_{ymli}$ 表示像素尺度第 $l$ 型生态系统的第 $i$ 种生态服务功能当量因子值在第 $y$ 样区的平均值；$V_{yli}$ 表示样区 $y$ 中第 $l$ 型生态系统的第 $i$ 种生态服务功能的当量因子的经济价值；$V_y$ 表示样区 $y$ 的 $ESV_S$；$ESV_S$ 表示大寺河流域起步区总 ESV。

### 5.1.3　水生态健康安全状况评价结果

利用式（5.4）计算出大寺河流域起步区 2002~2020 年水生态健康安全综合评价值，再根据表 5.2 判定水生态安全状况等级如表 5.7 所示。绘制得到的大寺河流域起步区 2002~2020 年水生态健康安全状况变化趋势如图 5.2 所示。

**表 5.7　大寺河流域（起步区段）水生态健康安全状况评价结果**

| 年份 | 压力评价值 | 状态评价值 | 响应评价值 | 综合评价值 | 健康安全状态 |
|---|---|---|---|---|---|
| 2002 | 2.13 | 1.57 | 0.02 | 3.72 | 中警 |
| 2009 | 1.69 | 3.38 | 0.79 | 5.86 | 预警 |
| 2015 | 0.13 | 1.01 | 2.21 | 3.35 | 中警 |
| 2020 | 1.32 | 2.67 | 2.81 | 6.79 | 预警 |

（1）压力系统评价

由图 5.2 可知，2002~2015 年，压力评价值大幅下降，由 2002 年的 2.13 下降至 2015 年的 0.13，主要由于该时期城市化水平的不断加快，人类为满足正常的生产和生活，用水量、废水排放量以及化肥/农药的施用量大幅增加，分别增加了 32.63%、97.22%、0.39% 和 16.14%，使得水生态安全面临的压力迅速增加，且在 2009~2015 年水生态安全受压力影响更为显著。

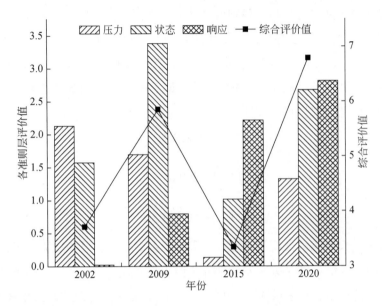

图 5.2　2002～2020 年大寺河流域起步区水生态健康安全状况变化趋势

（2）状态系统评价

由图 5.2 可知，研究期间状态评价值总体呈增加趋势，在 2009～2015 年大幅降低至最低值 1.01，主要由于该时期是大寺河流域起步区城市化高速发展期，工、农业经济快速增长，人均 GDP 在该时期增长 90.83%，同时 $NH_3$-N、COD 和 $SO_2$ 污染物排放量大幅增加，分别增加了 44.48%、118.64% 和 20.54%；建设用地扩张侵占了透水性好的生态用地，地面硬化程度增加，水体景观破碎化明显，水体景观脆弱度增加 6.69%，导致大寺河流域起步区遭遇极端降雨时行洪能力减弱，平均积水深度、最大积水量和最大积水面积分别增加 53.89%、124.97% 和 46.16%，整体水生态健康安全水平亟待提高。

（3）响应系统评价

由图 5.2 可知，人类社会对水生态系统的保护所做的努力，响应系统对维持水生态健康安全的贡献呈逐年增加趋势。评价值由 2002 年的 0.02 增加至 2020 年的 2.81，是 PSR 体系中增加值最大的一部分，反映区域水生态健康安全保护意识提升和相关政策法规逐步完善。

（4）综合评价

由表 5.7 可知，2002～2020 年，大寺河流域起步区水生态健康安全状况分别处于中警、预警、中警和预警状态。从图 5.2 可以看出，大寺河流域起步区水生态健康安全状态总体处于改善优化的过程。2002~2009 年，大寺河流域起步区水生态健康安全状态由中警向预警升级，主要由于该时期大寺河流域起步区城市化处于起步发展阶段，产业结构初步得到调整，粗放型农业开始向集约型农业转变，将第二、三产业作为发展的主导产业，生活、农业和工业用水量和排污量均相对较小，同时加强生态用地恢复和污染物治理，该时期生态环保投资总体增长 103.41%，林地、草地面积均增加 60% 以上，洪涝风险降低 25%~50%，水生态健康安全水平呈上升趋势。2009~2015 年水生态健康安全状况由预警降低至中警，综合评价指数由 5.86 减小至最低值 3.35，其中状态系统评价值变化最为显著，降低了 70.35%，是导致该时期水生态健康安全状况降低的主要原因。该阶段处于加速发展阶段，人均 GDP 相比上一时期增长 12.04%，一方面用水量、污水排放量以及农药/化肥施用量的大幅增加使得区域面临的水资源短缺和水体污染风险性增加；另一方面，建设用地扩张，不透水面比例增加 4.15%，由于缺少合理的雨水资源化利用方案，应对极端降雨事件多以直排为主，洪涝风险程度增加。2015~2020 年，大寺河流域起步区压力系统、状态系统和响应系统评价值均呈增加趋势，水生态健康安全综合评价值由 3.35 上升至最大值 6.79，安全状态也由中警恢复至预警，主要由于该时期在生态文明建设的时代背景下，经济发展的同时大力开展城市绿化、河流治理和土壤污染修复，该时期生态环保投资和科技教育支出分别增长 16.97% 和 45.47%。同时建立现代农业产业体系，鼓励发展优质高产特色农业，引进高新技术产业，推动节能减排，以此提高居民生活质量。该时期农药、化肥的施用量分别减少 49.31% 和 41.87%，废水排放量减少 28.63%，环境质量优的天数相比上一时期增加 76 天，流域水生态健康安全水平显著提升。

### 5.1.4　水生态健康安全调控及对策分析

#### 1. 调控指标

大寺河流域（起步区段）水生态健康安全评价结果表明，2002~2020 年大寺河流域起步区水生态健康安全状态总体向好，但仍处于预警状态，需要持续调控关键指标，将综合水平提升到 IV 级较安全和 V 级安全状态，实现"人-水-城"关系和谐，实现水生态系统健康安全、生态服务完善的目标。基于指标权重值越大、影响越大的原则，选择关键调控指标，选择权重大于 0.025 的指标进行优先调控，具体选择调控指标如表 5.8 所示。

**表 5.8　各层次调控指标**

| 目标层 | 准则层 | | 指标层调控指标 |
|---|---|---|---|
| 水生态健康安全 | 压力 | 社会经济 | 城市化率/% |
| | | | 用水量/m³ |
| | | | 有效灌溉面积/ha |
| | | | 废水排放总量/万吨 |
| | | | 生活废水排放量/万吨 |
| | | | 每公顷耕地化肥施用量/kg |
| | | | 每公顷耕地农药施用量/kg |
| | 状态 | 水资源特征 | 年降雨量/mm |
| | | 水环境特征 | $NH_3$-N 排放量/t |
| | | | COD 排放量/t |
| | | | $SO_2$ 排放量/t |
| | | 水安全特征 | 平均积水深度/m |
| | | | 最大积水量/万 m³ |
| | | | 最大积水面积/ha |
| | | 水生态特征 | 生态用地面积/ha |
| | | | 水体破碎度 |
| | 响应 | 生态措施 | 污水集中处理率/% |
| | | 环保投资 | 生态环保投资/万元 |
| | | | 科技教育投资/万元 |

**2. 调控对策**

根据大寺河流域（起步区段）2002～2020 年水生态健康安全评价结果，结合筛选的优先调控指标，从压力、状态和响应三个层面提出调控对策。

（1）压力调控对策

①推进水资源节约利用。按照"区域适水规划、组团因地节水、单元精细管理"的基本原则，打造全国节水示范区。推进农业节水增效，大规模推广微灌、滴灌、喷灌等高效灌溉方式，发展节水农业和生态农业。深挖工业节水潜力，加快节水技术装备推广应用，推进企业间水资源梯级利用，严格限制高耗水项目建

设。推进城镇节水改造，推广普及节水器具，降低供水管网漏损率，用市场化手段促进节水，减缓水生态的压力。

②加强大寺河流域起步区生态环境建设。重点治理工业废水、农村生活污水，完善生态循环机制，减少水资源浪费，实现资源化利用。进一步落实农药交易备案制度，严格控制化肥、农药施用量，改善农业面源污染的情况。

③强化生态管理，落实治污责任。进一步健全起步区生态环境保护法规，为依法治水提供支撑。严查环评验收、排污许可、信息公开等环保制度落实情况和超标排放、设施不正常运行等违法行为，减少污染物的排放；扎实开展执法行动，进一步强化硬件保障，启动建设移动执法，落实执法公示，防范执法风险，积极开展执法联动，拓宽执法广度，强化治污主体责任，夯实执法能力基础，采取主动优化服务群众举措。

④建立健全污染治理的奖惩制度。系统考量不同区段大寺河的水质状况，奖励排名在前的地区，惩罚排名靠后的地区。坚持生态优先，绿色引领，制定相关政策，选出各领域内的优秀环保企业，使其发挥带头作用提高企业减排治污的态度和环保意义，积极主动配合政府各项任务，完成治污工作。通过这些政策提高企业、居民的环保意识。同时大力推进科技务农、绿色务农，促使现代节水型农业发展。

（2）状态调控对策

①建设海绵城市，提高雨洪资源利用水平，增强防洪排涝能力。强化流域水环境精细化管理，大寺河沿岸设立水质自动监测站，每日预警水质变化，定期通报水环境质量，防重大水污染事故的发生。

②落实节约优先、保护优先、自然恢复为主的方针，统筹保护大寺河流域起步区水系、岸线、湿地、林地等自然资源，逐步恢复河流水系生态环境。强化河湖长制，加强大寺河河道治理，保护河道自然岸线。加强对湿地等重要生态节点的保护修复，降低水体破碎度，稳步推进退塘还河，严控人工造湖，促进水生动物种类增加。

③落实政府对水生态修复和河湖治理的相关政策，利用综合治理与生态修复工程，将废污水净化后排放，改善水质，打造良好的水生态环境。

④加快建设绿色生态廊道，统筹流域内生态保护、自然景观和城市风貌，依托大寺河及周边水系，建设"人-水-城"相协调的生态风貌廊道。加强生态防护林建设，因地制宜建设城市森林公园，发挥水土保持等功能，恢复和保护鸟类

栖息地，提高生物多样性。

（3）响应调控对策

①加强再生水利用设施建设与改造，完善城镇污水收集配套管网，进一步提高污水集中处理率，推动城镇污水资源化利用。

②加大生态环境保护和修复的投资，拓宽资金来源渠道，采取有效措施吸引社会资本参与水生态健康安全建设，增加科研课题立项，推动相关技术研发，及时解决黄河流域生态保护专项规划实施中的问题。

③依托媒体、平台、新闻等对企业、学校等积极开展节约用水、保护生态等主题活动和教育宣传，全面提高生态环境保护公众参与水平，完善全民环境教育体系，扎实开展环保设施公众开放、环境教育示范基地和绿色工程创建工作。

# 5.2　大寺河流域起步区水生态健康安全修复模式

水生态健康安全修复以大寺河流域水系的网状结构为基础，恢复水系原有循环特征，优化水系生态系统景观格局，最大程度改善生态系统的生态流运行[49,50]。利用地理信息技术分析研究区景观格局，根据流域内景观格局特点构建符合流域水平生态过程的生态水网，增强水系与流域内其他生态景观要素之间的联系，使流域的水生态健康安全水平将得到整体提升。

依据水生态健康安全评价结论，沿大寺河河流水系，合理选择洼地，结合大寺河流域起步区土地利用规划构建不同规模的湿地，形成湿地体系，在流域内提高雨洪资源利用水平，增强防洪排涝能力；根据构建的湿地体系，依托现有或潜在水系完善水系生态廊道，将各湿地斑块串联，形成流域生态网络。

## 5.2.1　流域内雨水湿地体系构建

湿地可以通过物理、化学及生物作用协同净化污水中的污染物，削减径流流量，有效降低水体中氮、磷等营养盐含量，投资低，能耗小，同时兼顾景观功能[51]。雨水湿地生态技术是利用物理、水生植物以及微生物等作用净化雨水，其本质是一种人工沼泽系统，能够高效控制雨水径流污染[52]。雨水湿地可以有效调控雨水径流的水量和水质，雨水湿地在单次降雨事件中对降雨径流峰值流量削减率可达70%~80%，对径流总量削减率超过50%，对雨水径流中TSS、TN、TP和重金属也可起到有效削减[53]。雨水湿地体系化对水生态环境发挥的作用远大于单一河口湿地或者岸线湿地的作用，雨水湿地体系可以有效降低雨洪风险、利用雨洪资源和改善水生态环境。

1. 雨水湿地选址

（1）水系源头、各级水系节点处

按照 Acgis 中流域单元划分方法，可以将流域划分成多个相互独立的汇水区，形成对应初级径流的基本汇水单元[54]。汇水区中径流汇水节点就是流域中的水文节点，水文节点分为三类：源头节点，DEM 中网格上游汇水面积达到临界汇水阈值，定义为源头节点，每一个源头节点对应一条水系径流；汇流节点，不同水系相互交汇的节点；出口节点，某一等级汇水区中下游的出水口。这些汇水节点，对应水文特征和空间位置。位于汇水区水系源头的湿地具有控制水污染、保障水安全的作用；在汇水区水系交汇处的湿地具有控制雨水径流污染、调控水文的作用；分布流域主水系与次主水系交汇处的湿地，具有预防洪水灾害和维护生态系统完整性的作用[55]。分布于水系各节点处的雨水湿地通过水系接通，促进各湿地间、湿地与流域组分间的水文生态循环，可以整体提升流域水生态健康。因此，汇水区水系源头、各级水系节点位置是选址雨水湿地重点，结合空间规划，大寺河流域起步区各级水系节点及水系源头的分布如图 5.3（a）所示。

（2）地势低洼处

地势低洼有利于自然状态下雨水蓄积、形成湿地环境、发挥湿地生态系统功能。地势低洼是湿地体系选址的另一个重要条件。洼地提取结果如图 5.3（b）所示。

（3）结合大寺河流域起步区国土空间规划

大寺河流域起步区土地利用现状对湿地体系建设起到制约作用，居住区等规划建设用地，变更为湿地难度较大。

根据上述三个约束条件，于各级水系节点与水系源头位置，结合洼地分布情况、国土空间规划用地规划，完成湿地选址。

在大寺河流域起步区共规划雨水湿地 31 个。其中，1~10 号、12~15 号、18 号、23~24 号、27~28 号以及 31 号雨水湿地所处位置的规划用地为草地与开放空间用地，均可直接建设。11 号和 17 号位于陆地水域，可对其进行适当改造，依托水域建设滨水湿地公园，进行雨水收集的同时还可以为人类提供休憩娱乐场所。19 号、22 号、25~26 号雨水湿地位于城镇或农村居住用地，可以将雨水湿

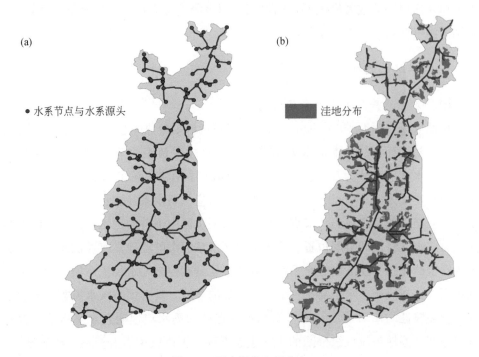

图 5.3　雨水湿地空间分布

地融入居民小区的景观建设中，使景观湖或景观塘达到相应编号雨水湿地的调蓄容积即可。16 号、20 ~ 21 号、29 ~ 30 号雨水湿地位于公共管理与公共服务用地或商业服务设施用地，但均靠近周边陆地水域，解决方案有两个：一是将雨水湿地建设在周边"非建设用地"规划区内，同时建设植草沟可实现对周边陆地水域的景观补水；二是适当调整规划，保证湿地建设所需的土地面积。

### 2. 雨水湿地规模计算

#### (1) 各湿地汇水区范围划分

雨水湿地体系服务于整个大寺河流域起步区的雨水控制，确定每个雨水湿地径流控制汇水范围是确定雨水湿地调蓄规模的设计计算的基础。在大寺河流域起步区内，雨水湿地体系承担雨水资源的涵养、下渗、补充生态需水量等功能性，为了符合流域水文循环过程，对雨水资源进行有效的管理控制，选择合适的湿地尺度十分关键。汇水区是收集水资源的最小单元，是水文过程与生态过程发生的最小地域尺度，是水污染控制、水安全规划、流域生态韧性修复等最重要的尺度单元。因此,以汇水区单元作为大寺河流域(起步区段)雨水湿地体系径流控制区,结合各汇水区出水口位置、各雨水湿地位置以及水资源的自然循环路径确定实现径流控制目标的各雨水湿地汇水区范围。

(2)年径流总量控制率与设计降雨量的确定

根据济南市 1985 ~ 2014 年降雨资料,确定济南年径流总量控制率与设计降雨量的对应关系,如表 5.9 所示。

**表 5.9　济南市年径流总量控制率与设计降雨量对应关系**

| 年径流总量控制率/% | 60 | 65 | 70 | 75 | 80 | 85 | 90 |
|---|---|---|---|---|---|---|---|
| 设计降雨量/mm | 16.7 | 19.7 | 23.2 | 27.7 | 33.5 | 41.4 | 52.5 |

参考济南市颁布的《济南市人民政府办公厅关于贯彻落实鲁政办发〔2016〕5 号文件全面推进海绵城市建设的实施意见》中至少要实现年径流总量控制率大于 75%。此外年径流总量控制率目标的确定需综合考虑控制区实际水文特征、土地利用性质、地形地质条件,当控制区径流控制条件较差时,制定过高的控制目标必然导致径流控制成本大幅提升,雨水资源的过度控制也会导致地表原有水系的退化,损害地表水系的水生态功能。根据起步区国土空间规划的要求,本研究将大寺河流域(起步区段)的年径流总量控制率目标确定为 85%,考虑各汇水区的径流条件给各汇水区设置合适的年径流总量控制率目标,并按照年径流总量控制率对应的设计降雨量对雨水湿地设计规模进行计算。

(3)雨水湿地调蓄控制容积计算

参考《海绵城市建设技术指南》,采用容积法计算各雨水湿地调蓄容积,公式如下:

$$V = 10H\varphi F \tag{5.32}$$

式中:$V$ 为调蓄设计容积,$m^3$;$H$ 为设计降雨量,mm;$\varphi$ 为综合径流系数,采用面积加权计算;$F$ 为汇水面积,$hm^2$。

根据径流总量和调蓄容积等指标可以计算出雨水湿地规模,因此需对汇水区进行土地利用类型提取。为了提高研究结果的准确性,采取直接辨识像素分辨率为 2m 的栅格影像图,然后辅以现场调查的修正方法。依据《给水排水设计手册第 5 册 城镇排水》以及《海绵城市建设指南》中常用土地利用类型,在大寺河流域起步区中提取了居住区建设用地、混凝土或沥青路面、非铺砌的土路面、水体、草地、林地、耕地、空地和广场等 9 种土地利用类型。各地类面积、径流系数以及大寺河流域起步区调蓄控制容积见表 5.10。

表 5.10　各用地类型面积和径流系数

| 土地类型 | 占地面积/hm² | 径流系数 |
|---|---|---|
| 居住区建设用地 | 465.64 | 0.7 |
| 混凝土或沥青路面 | 220.79 | 0.9 |
| 水体 | 449.19 | 1 |
| 空地 | 615.53 | 0.3 |
| 广场 | 23.36 | 0.6 |
| 非铺砌的土路面 | 17.09 | 0.35 |
| 草地 | 855.90 | 0.15 |
| 林地 | 775.03 | 0.25 |
| 耕地 | 4126.31 | 0.2 |
| 合计面积 | 7548.84 | |
| 年径流总量控制率/% | 85 | |
| 平均径流系数 | 0.31 | |
| 设计降雨量/mm | 41.4 | |
| 调蓄控制容积/m³ | 968818.13 | |

　　以大寺河流域（起步区段）整体年径流总量控制率85%为目标，因地制宜地制定各汇水区年径流总量控制率，利用容积法计算各汇水区对应的调蓄容积。基于雨水湿地与其径流控制服务汇水区的对应关系，计算得到各雨水湿地规模，如表5.11所示。

表 5.11　大寺河流域起步区各雨水湿地规模

| 湿地编号 | 汇水区编号 | 年径流总量控制率/% | 汇水区面积/m² | 综合径流系数 | 汇水区设计调蓄容积/m³ | 湿地设计调蓄容积/m³ |
|---|---|---|---|---|---|---|
| 1 | 1 | 80 | 267753.27 | 0.49 | 5442.69 | 51000.58 |
| | 2 | 90 | 580259.86 | 0.24 | 5733.33 | |
| | 3 | 90 | 717389.56 | 0.25 | 7432.25 | |
| | 4 | 80 | 1346114.59 | 0.38 | 21171.54 | |
| | 5 | 85 | 785429.12 | 0.26 | 8606.93 | |
| | 6 | 90 | 359070.27 | 0.22 | 3282.42 | |

| 湿地编号 | 汇水区编号 | 年径流总量控制率/% | 汇水区面积/m² | 综合径流系数 | 汇水区设计调蓄容积/m³ | 湿地设计调蓄容积/m³ |
|---|---|---|---|---|---|---|
| 2 | 7 | 85 | 783438.73 | 0.28 | 9133.87 | 18591.52 |
|   | 8 | 85 | 726526.89 | 0.31 | 9457.65 | |
| 3 | 9 | 85 | 385408.14 | 0.26 | 4190.60 | 19000.48 |
|   | 10 | 85 | 491516.91 | 0.29 | 5941.21 | |
|   | 11 | 85 | 418247.47 | 0.32 | 5534.88 | |
|   | 12 | 90 | 274403.35 | 0.23 | 2628.94 | |
| 4 | 13 | 90 | 552548.32 | 0.25 | 5666.68 | 39442.59 |
|   | 14 | 80 | 324961.00 | 0.38 | 5086.65 | |
|   | 15 | 85 | 686829.73 | 0.28 | 8076.66 | |
|   | 16 | 85 | 1056755.24 | 0.37 | 16068.05 | |
|   | 17 | 90 | 317639.65 | 0.24 | 3151.03 | |
| 5 | 18 | 85 | 454103.80 | 0.26 | 4858.07 | 10092.31 |
|   | 19 | 90 | 423403.75 | 0.24 | 4127.57 | |
| 6 | 20 | 80 | 562483.56 | 0.46 | 10694.37 | 13936.92 |
|   | 21 | 80 | 383555.66 | 0.41 | 6529.16 | |
| 7 | 22 | 90 | 455479.34 | 0.25 | 4783.56 | 19447.91 |
|   | 23 | 80 | 575886.92 | 0.38 | 9040.89 | |
|   | 24 | 85 | 516765.74 | 0.28 | 6066.10 | |
| 8 | 25 | 85 | 1054591.66 | 0.30 | 12913.45 | 29052.82 |
|   | 26 | 85 | 489674.74 | 0.30 | 6036.24 | |
|   | 27 | 85 | 406834.15 | 0.27 | 4501.22 | |
|   | 28 | 90 | 427006.98 | 0.25 | 4417.50 | |
| 9 | 29 | 85 | 953212.74 | 0.30 | 11641.69 | 11641.69 |
| 10 | 30 | 85 | 1503645.18 | 0.30 | 18790.97 | 38140.16 |
|   | 31 | 90 | 990642.47 | 0.28 | 11608.50 | |
|   | 32 | 80 | 386858.44 | 0.36 | 5719.71 | |
| 11 | 33 | 85 | 459540.97 | 0.27 | 5126.56 | 13031.02 |
|   | 34 | 90 | 331081.18 | 0.25 | 3487.33 | |
|   | 35 | 80 | 290997.51 | 0.36 | 4303.29 | |

续表

| 湿地编号 | 汇水区编号 | 年径流总量控制率/% | 汇水区面积/m² | 综合径流系数 | 汇水区设计调蓄容积/m³ | 湿地设计调蓄容积/m³ |
|---|---|---|---|---|---|---|
| 12 | 36 | 85 | 384155.79 | 0.30 | 4817.12 | |
| | 37 | 90 | 1106090.13 | 0.25 | 11606.17 | 30099.69 |
| | 38 | 85 | 256570.94 | 0.28 | 2983.94 | |
| | 39 | 80 | 567485.84 | 0.40 | 9368.34 | |
| 13 | 40 | 85 | 1110833.33 | 0.30 | 13968.83 | 21764.56 |
| | 41 | 80 | 625642.30 | 0.37 | 9634.13 | |
| 14 | 42 | 80 | 599448.61 | 0.40 | 9853.02 | |
| | 43 | 85 | 939478.72 | 0.29 | 11103.88 | 23378.92 |
| | 44 | 85 | 310645.50 | 0.33 | 4302.19 | |
| 15 | 45 | 90 | 805514.62 | 0.24 | 8136.84 | |
| | 46 | 85 | 572244.90 | 0.26 | 6072.45 | |
| | 47 | 90 | 495929.79 | 0.25 | 5201.06 | |
| | 48 | 90 | 325301.30 | 0.23 | 3104.59 | 46487.89 |
| | 49 | 85 | 421086.67 | 0.30 | 5185.01 | |
| | 50 | 85 | 826867.47 | 0.32 | 11047.06 | |
| | 51 | 80 | 264893.31 | 0.38 | 4118.22 | |
| 16 | 52 | 85 | 471825.21 | 0.34 | 6606.68 | |
| | 53 | 90 | 2053188.05 | 0.24 | 20361.80 | |
| | 54 | 90 | 390398.99 | 0.23 | 3735.12 | 49512.50 |
| | 55 | 85 | 495028.64 | 0.30 | 6087.25 | |
| | 56 | 90 | 496198.99 | 0.24 | 4937.15 | |
| 17 | 57 | 85 | 342291.04 | 0.27 | 3815.51 | |
| | 58 | 85 | 720635.41 | 0.31 | 9142.75 | 23628.94 |
| | 59 | 85 | 577285.19 | 0.30 | 7137.02 | |
| | 60 | 85 | 332442.79 | 0.26 | 3533.66 | |
| 18 | 61 | 90 | 701262.89 | 0.25 | 7350.80 | 9303.92 |
| 19 | 62 | 85 | 1041856.58 | 0.26 | 11113.09 | 24617.87 |
| | 63 | 80 | 984919.32 | 0.41 | 16689.49 | |

| 湿地编号 | 汇水区编号 | 年径流总量控制率/% | 汇水区面积/m² | 综合径流系数 | 汇水区设计调蓄容积/m³ | 湿地设计调蓄容积/m³ |
|---|---|---|---|---|---|---|
| 20 | 64 | 85 | 543606.09 | 0.30 | 6673.69 | 28351.05 |
|  | 65 | 85 | 451336.16 | 0.26 | 4841.41 |  |
|  | 66 | 90 | 439557.19 | 0.24 | 4345.57 |  |
|  | 67 | 85 | 1034660.07 | 0.26 | 11325.27 |  |
| 21 | 68 | 90 | 593320.05 | 0.25 | 6220.98 | 19470.45 |
|  | 69 | 85 | 416768.06 | 0.27 | 4669.86 |  |
|  | 70 | 85 | 644004.81 | 0.26 | 6911.66 |  |
| 22 | 71 | 90 | 795046.96 | 0.23 | 7633.41 | 32379.20 |
|  | 72 | 85 | 412482.63 | 0.32 | 5475.92 |  |
|  | 73 | 90 | 776175.36 | 0.23 | 7545.01 |  |
|  | 74 | 90 | 351492.48 | 0.24 | 3463.71 |  |
|  | 75 | 90 | 262978.23 | 0.24 | 2573.04 |  |
| 23 | 76 | 90 | 738742.00 | 0.22 | 6748.61 | 41653.69 |
|  | 77 | 85 | 888249.92 | 0.28 | 10119.42 |  |
|  | 78 | 85 | 385316.52 | 0.32 | 5077.89 |  |
|  | 79 | 90 | 1043239.81 | 0.21 | 9042.77 |  |
|  | 80 | 85 | 455356.20 | 0.34 | 6431.08 |  |
| 24 | 81 | 85 | 1680237.23 | 0.33 | 23069.49 | 39935.33 |
|  | 82 | 80 | 256314.09 | 0.36 | 3782.10 |  |
|  | 83 | 85 | 465760.75 | 0.29 | 5652.77 |  |
|  | 84 | 90 | 628236.33 | 0.25 | 6428.96 |  |
| 25 | 85 | 90 | 708231.84 | 0.20 | 5934.23 | 31022.87 |
|  | 86 | 90 | 1392208.11 | 0.25 | 14451.75 |  |
|  | 87 | 90 | 469061.31 | 0.21 | 4077.77 |  |
| 26 | 88 | 85 | 1036736.79 | 0.30 | 12851.12 | 20666.81 |
|  | 89 | 85 | 369775.35 | 0.28 | 4223.38 |  |
|  | 90 | 90 | 269068.92 | 0.25 | 2832.80 |  |
| 27 | 91 | 85 | 896628.36 | 0.33 | 12369.58 | 42809.94 |
|  | 92 | 90 | 334503.24 | 0.24 | 3275.20 |  |
|  | 93 | 80 | 434883.75 | 0.39 | 6944.50 |  |
|  | 94 | 85 | 1588042.67 | 0.31 | 20667.67 |  |

| 湿地编号 | 汇水区编号 | 年径流总量控制率/% | 汇水区面积/m² | 综合径流系数 | 汇水区设计调蓄容积/m³ | 湿地设计调蓄容积/m³ |
|---|---|---|---|---|---|---|
|  | 95 | 85 | 328976.75 | 0.32 | 4306.84 |  |
|  | 96 | 80 | 805342.66 | 0.38 | 12663.40 |  |
|  | 97 | 85 | 450106.29 | 0.30 | 5611.79 |  |
|  | 98 | 85 | 782124.29 | 0.34 | 10857.66 |  |
| 28 | 99 | 85 | 470798.48 | 0.32 | 6143.21 | 81574.99 |
|  | 100 | 80 | 655602.83 | 0.36 | 9825.61 |  |
|  | 101 | 80 | 1560346.03 | 0.44 | 28589.44 |  |
|  | 102 | 80 | 576212.57 | 0.47 | 11186.75 |  |
|  | 103 | 85 | 375268.92 | 0.27 | 4271.83 |  |
|  | 104 | 85 | 1218444.18 | 0.33 | 16572.30 |  |
|  | 105 | 80 | 575218.53 | 0.55 | 12995.97 |  |
| 29 | 106 | 80 | 935562.00 | 0.37 | 14224.86 | 80821.95 |
|  | 107 | 85 | 674690.24 | 0.27 | 7657.32 |  |
|  | 108 | 75 | 437893.70 | 0.90 | 16249.00 |  |
|  | 109 | 80 | 1168598.21 | 0.55 | 26744.21 |  |
|  | 110 | 90 | 557537.34 | 0.24 | 5612.24 |  |
|  | 111 | 85 | 277006.85 | 0.27 | 3068.38 |  |
| 30 | 112 | 85 | 521157.78 | 0.27 | 5850.43 | 37795.61 |
|  | 113 | 85 | 584933.99 | 0.34 | 8256.88 |  |
|  | 114 | 85 | 703353.35 | 0.30 | 8705.08 |  |
|  | 115 | 90 | 376430.20 | 0.24 | 3783.46 |  |
|  | 116 | 85 | 634932.54 | 0.28 | 7416.62 |  |
| 31 | 117 | 85 | 507745.73 | 0.30 | 6235.07 | 21825.96 |
|  | 118 | 85 | 588516.06 | 0.34 | 8174.26 |  |
| 总设计调蓄容积 |  |  | 970480.14m³（大于调蓄控制容积968818.13m³） |  |  |  |

（4）雨水湿地表面积计算

如图5.4所示，雨水湿地一般由进水口、前置塘、沼泽区、出水池、溢流出水口、护坡及驳岸、维护通道等构成。初期雨水中含有大量悬浮固体污染物、水流势能较大，因此在雨水湿地的进水口和溢流出水口设置碎石、消能坎等消能设施，防止水流冲刷和侵蚀，设置前置塘对径流雨水进行预处理。沼泽区包括浅沼泽区和深沼泽区，是雨水湿地主要的净化区，出水池主要起防止沉淀物的再悬浮作用，出水池容积约为总容积的 10%。

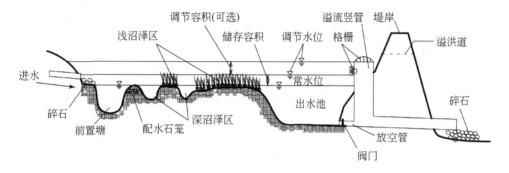

图 5.4　雨水湿地典型构造示意图

参照图 5.4 中的典型雨水湿地构造，以 1 号雨水湿地为例，在满足年径流总量控制率目标下，在单次降雨事件中该雨水湿地需要具备调蓄 $5.1×10^4 m^3$ 雨洪水的能力。根据《海绵城市建设技术指南》，沼泽区水深范围一般为 0~0.5m，其调蓄容积占总调蓄容积的 90%；出水池水深取 0.8~1.2m，其调蓄容积占总调蓄容积的 10%。将沼泽区与出水池平均水深合理设置为 0.4m 与 1m 的条件下，沼泽区与出水池各需占地 $1.15×10^5 m^2$ 与 $5.1×10^3 m^2$，该湿地总计表面积约 $1.2×10^5$ $m^2$。31 个湿地的表面积计算结果见表 5.12。

表 5.12　湿地相关参数计算结果

| 湿地编号 | 调蓄容积/m³ | 湿地表面积/m² | 湿地编号 | 调蓄容积/m³ | 湿地表面积/m² |
|---|---|---|---|---|---|
| 1 | 51000.58 | 119851.35 | 11 | 13031.02 | 30622.90 |
| 2 | 18591.52 | 43690.07 | 12 | 30099.69 | 70734.28 |
| 3 | 19000.48 | 44651.14 | 13 | 21764.56 | 51146.71 |
| 4 | 39442.59 | 92690.09 | 14 | 23378.92 | 54940.46 |
| 5 | 10092.31 | 23716.92 | 15 | 46487.89 | 109246.55 |
| 6 | 13936.92 | 32751.76 | 16 | 49512.50 | 116354.38 |
| 7 | 19447.91 | 45702.59 | 17 | 23628.94 | 55528.01 |
| 8 | 29052.82 | 68274.12 | 18 | 9303.92 | 21864.20 |
| 9 | 11641.69 | 27357.96 | 19 | 24617.87 | 57852.00 |
| 10 | 38140.16 | 89629.37 | 20 | 28351.05 | 66624.98 |

续表

| 湿地编号 | 调蓄容积/m³ | 湿地表面积/m² | 湿地编号 | 调蓄容积/m³ | 湿地表面积/m² |
|---|---|---|---|---|---|
| 21 | 19470.45 | 45755.56 | 27 | 42809.94 | 100603.35 |
| 22 | 32379.20 | 76091.11 | 28 | 81574.99 | 491701.23 |
| 23 | 41653.69 | 97886.17 | 29 | 80821.95 | 189931.57 |
| 24 | 39935.33 | 93848.02 | 30 | 37795.61 | 88819.69 |
| 25 | 31022.87 | 72903.75 | 31 | 21825.96 | 51291.00 |
| 26 | 20666.81 | 48567.01 | | | |

### 5.2.2　水系生态廊道构建及植物配置

#### 1. 水系生态廊道构建

水系生态廊道，以河流水系为骨干廊道，包括水体、堤岸及水陆生物等。水系生态廊道的主要生态功能有净化径流、控制水土流失、防洪及保护生物多样性等。在流域尺度的水生态综合修复过程中，通过合理布局水系生态廊道将湿地、湿塘体系串联，可以推动快速形成局地绿色生态网络体系。研究表明，生态廊道宽度介于 3~12m 时，可满足保护无脊椎动物的功能；12~30m 时，草本植物多样性显著增加；30~80m 时，可以起到降温、提高生物多样性、减少水土流失和过滤径流污染物等作用。

生态节点由生态廊道串联起来，在维持生态廊道的稳定性、生态系统的安全性和整体性方面发挥重要作用。以 200m、100m 分别为一、二类生态节点的长、宽最小值，以 4 公顷、1 公顷分别作为一、二类生态节点面积最小值。湿地是本大寺河流域起步区规划的重要生态节点。

根据生态廊道发挥的生态功能特点并结合起步区国土空间规划，本研究依托大寺河构建观光型水系生态廊道，廊道宽度不低于 30m；依托湿地体系构建简易式连接型生态廊道，并最终与大寺河所在的观光型生态廊道相连接，廊道宽度不低于 3m，进而形成湿地生态斑块与水系生态廊道为一体的流域生态网络体系，增强了流域内生态流，生态多样性和稳定性将超过单一湿地系统，对形成流域小气候和改善流域生态环境具有积极作用。大寺河流域起步区水系生态廊道布局如图 5.5 所示。

图 5.5　大寺河流域起步区水系生态廊道布局

## 2. 水系生态廊道植物配置

### (1) 流域植被现状调查

植被是河流生态系统的必要组成部分,在调整气候、稳定土壤、营造景观以及为流域动物提供栖息场所等方面有不可代替的作用。利用植物的生态功能开展植被带植物结构设计,增强功能实现性和环境融入性。2022 年 6 月对大寺河流域起步区进行植被采样调查,共布设 30 个植被采样点,布设原则如下。

①科学性:样地的植被群落必须对所调查区域植被具有充分的代表性,避免选在两个类型的过渡带,具有一定的成熟度,能够进行科学系统的观测研究。

②稳定性:样地的植被群落应较为稳定,潜在干扰小。

③可操作性:样地应建立在交通相对便利的地段,其地形不宜过于陡峭复杂。

在调查的 30 个样点中发现共计 45 种植物,分属 23 科 45 属。灌木和乔木 13 种,其中本土植物 6 种,行道园林植物 7 种。一年生草本植物 15 种,多年生草本 17 种。

植物群落层次按照高度划分为乔木层、灌木层和草本层。采用样方调查法对大寺河流域起步区植被进行调查,对植被进行辨种识别,并记录乔木的株数、树高、胸径、周长和冠幅，灌木和草本植物的株数和高度。

图5.6（a）为林地群落样方的设置，每个样方由10个边长为10m的正方形组成，其中，S1与S2（阴影部分）为灌木层调查样格，K1～K5（1m×1m）为草本层调查样格。图5.6（b）为灌丛（草地）群落样方的设置，S3～S6为灌木层调查样格，L1～L5为草本层调查样格。此外，样方四周需保留约10m的缓冲区。每个样方乔木层、灌木层及草本层的重要值（IV）计算结果见表5.13和表5.14。计算公式如下：

$$乔木重要值 = (相对多度 + 相对频度 + 相对优势度)/3 \tag{5.33}$$

$$灌木及草本重要值 = (相对多度 + 相对频度 + 相对高度)/3 \tag{5.34}$$

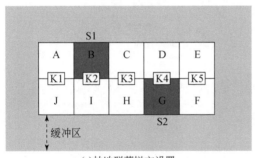

(a)林地群落样方设置

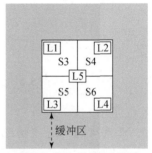

(b)灌丛(草地)群落样方设置

图5.6　植被群落样方设置

**表5.13　乔木的多度、频度、优势度、相对多度、相对频度、相对优势度和重要值**

| 植物种类 | 多度 | 频度 | 优势度 | 相对多度 | 相对频度 | 相对优势度 | 重要值 |
|---|---|---|---|---|---|---|---|
| 榆树 | 16 | 0.273 | 0.325 | 0.055 | 0.107 | 0.068 | 0.077 |
| 构树 | 3 | 0.091 | 0.015 | 0.010 | 0.036 | 0.003 | 0.016 |
| 旱柳 | 60 | 0.545 | 1.521 | 0.206 | 0.214 | 0.318 | 0.246 |
| 杨树 | 145 | 0.727 | 2.316 | 0.498 | 0.286 | 0.485 | 0.423 |
| 泡桐 | 2 | 0.091 | 0.023 | 0.007 | 0.036 | 0.005 | 0.016 |
| 圆柏 | 3 | 0.091 | 0.06 | 0.010 | 0.036 | 0.013 | 0.020 |
| 侧柏 | 11 | 0.182 | 0.05 | 0.038 | 0.071 | 0.010 | 0.040 |
| 紫叶李 | 9 | 0.182 | 0.133 | 0.031 | 0.071 | 0.028 | 0.043 |
| 女贞 | 16 | 0.182 | 0.23 | 0.055 | 0.071 | 0.048 | 0.058 |
| 紫丁香 | 20 | 0.091 | 0.025 | 0.069 | 0.036 | 0.005 | 0.037 |
| 白皮松 | 6 | 0.091 | 0.08 | 0.021 | 0.036 | 0.017 | 0.024 |

表 5.14　灌木和草本的多度、频度、优势度、相对多度、相对频度、
相对优势度和重要值

| 植物种类 | 多度 | 频度 | 优势度 | 相对多度 | 相对频度 | 相对优势度 | 重要值 |
|---|---|---|---|---|---|---|---|
| 芦苇 | 62 | 0.316 | 1.16 | 0.084 | 0.071 | 0.078 | 0.078 |
| 小蓬草 | 74 | 0.263 | 0.45 | 0.1 | 0.059 | 0.03 | 0.063 |
| 苣荬菜 | 36 | 0.158 | 0.17 | 0.048 | 0.035 | 0.011 | 0.031 |
| 车前 | 16 | 0.158 | 0.15 | 0.022 | 0.035 | 0.01 | 0.022 |
| 罗布麻 | 6 | 0.105 | 0.78 | 0.008 | 0.023 | 0.052 | 0.028 |
| 白茅 | 76 | 0.158 | 1.08 | 0.103 | 0.035 | 0.073 | 0.07 |
| 旋覆花 | 27 | 0.158 | 0.16 | 0.037 | 0.035 | 0.011 | 0.028 |
| 狗牙根 | 11 | 0.105 | 0.11 | 0.015 | 0.023 | 0.007 | 0.015 |
| 蛇床 | 30 | 0.158 | 0.55 | 0.041 | 0.035 | 0.037 | 0.038 |
| 委陵菜 | 3 | 0.053 | 0.29 | 0.004 | 0.012 | 0.019 | 0.012 |
| 小花山桃草 | 18 | 0.158 | 0.43 | 0.024 | 0.035 | 0.029 | 0.029 |
| 野菊 | 9 | 0.053 | 0.24 | 0.012 | 0.012 | 0.016 | 0.013 |
| 鼠尾粟 | 75 | 0.211 | 0.98 | 0.101 | 0.047 | 0.066 | 0.071 |
| 一年蓬 | 2 | 0.053 | 0.12 | 0.003 | 0.012 | 0.008 | 0.008 |
| 青蒿 | 19 | 0.211 | 0.81 | 0.026 | 0.047 | 0.054 | 0.042 |
| 茵陈蒿 | 11 | 0.053 | 0.38 | 0.015 | 0.012 | 0.026 | 0.018 |
| 猪毛菜 | 12 | 0.053 | 0.14 | 0.016 | 0.012 | 0.009 | 0.012 |
| 碱蓬 | 4 | 0.053 | 0.23 | 0.005 | 0.012 | 0.015 | 0.011 |
| 野蓟 | 14 | 0.211 | 0.64 | 0.019 | 0.047 | 0.043 | 0.036 |
| 萎蒿 | 3 | 0.053 | 0.62 | 0.004 | 0.012 | 0.042 | 0.019 |
| 藜 | 22 | 0.263 | 0.34 | 0.03 | 0.059 | 0.023 | 0.037 |
| 牛筋草 | 41 | 0.211 | 0.16 | 0.055 | 0.047 | 0.011 | 0.038 |
| 荸草 | 13 | 0.316 | 0.14 | 0.018 | 0.071 | 0.009 | 0.033 |
| 酸模叶蓼 | 6 | 0.053 | 0.11 | 0.008 | 0.012 | 0.007 | 0.009 |
| 铁苋菜 | 3 | 0.053 | 0.19 | 0.004 | 0.012 | 0.013 | 0.01 |
| 鹅绒藤 | 5 | 0.105 | 0.16 | 0.007 | 0.023 | 0.011 | 0.014 |
| 蒺藜 | 4 | 0.053 | 0.08 | 0.005 | 0.012 | 0.005 | 0.007 |
| 狗尾草 | 85 | 0.316 | 0.42 | 0.115 | 0.071 | 0.028 | 0.071 |
| 山莴苣 | 7 | 0.105 | 0.34 | 0.009 | 0.023 | 0.023 | 0.018 |
| 香蒲 | 3 | 0.053 | 1.32 | 0.004 | 0.012 | 0.089 | 0.035 |
| 马蔺 | 6 | 0.053 | 0.32 | 0.008 | 0.012 | 0.021 | 0.014 |

续表

| 植物种类 | 多度 | 频度 | 优势度 | 相对多度 | 相对频度 | 相对优势度 | 重要值 |
|---|---|---|---|---|---|---|---|
| 木贼 | 26 | 0.053 | 0.28 | 0.035 | 0.012 | 0.019 | 0.022 |
| 月季 | 4 | 0.053 | 1.12 | 0.005 | 0.012 | 0.075 | 0.031 |
| 野大豆 | 6 | 0.053 | 0.42 | 0.008 | 0.012 | 0.028 | 0.016 |

在乔木重要值排序中，杨树（*Populus*，0.423）和旱柳（*Salix matsudana*，0.246）广泛分布于河道和道路两旁，占绝对优势。在灌木和草本植物重要值中，芦苇（*Phragmites australis*，0.078）＞鼠尾粟（*Sporobolus fertilis*，0.071）＝狗尾草（*Setaria viridis*，0.071）＞白茅（*Imperata cylindrica*，0.07）。

大寺河流域起步区内耕地面积最大，导致植物丰富度较小，特别是乔木。此外，大寺河流域起步区长期以来土壤盐碱化，许多植物都不适宜生长，耐盐碱的物种如旱柳、榆树、芦苇、香蒲、马蔺、罗布麻、碱蓬和猪毛菜等，长势较好，物种重要值也相对较高。在新建道路两旁的行道树也多为耐旱耐盐碱的树种，如紫叶李、女贞、千头柏、紫丁香、白皮松等。

（2）生态廊道植被配置

在对水系生态廊道进行植被配置时，既要考虑过滤带不同植被配置对降雨径流中的泥沙和污染物的截留效果，也要兼顾美学、本土及适生物种的选择。构建稳定健康的廊道生态体系，最大限度地发挥植被过滤带的作用，使得每个区域之间的植被生态群落配置相互联系，相互补充，须遵循一定的配置原则。

①乔灌草相结合原则。乔灌草相结合形成的复式结构群落不仅可以增加植物地上部分的面积，提高降雨截留量。在林冠截留作用的影响下，降雨的动能得到衰减，并且进一步缓解了土壤侵蚀和水土流失。

②物种共生原则。合理地选择植物种类进行搭配，避免物种间竞争，维持群落稳定。

③深根系植物搭配浅根系植物原则。不同根系深度的植物子相结合不仅可以改良土壤结构，固土护坡，防止水土流失，也可以为根系生物提供更大的生活范围，提高营养利用率。

体型较大的乔木可以对降雨进行分配，为穿透雨、树干径流和冠层截留。冠层截留量约占总降雨量10%～50%，其相当于冠层持水能力。冠层持水能力在不同的植物种类之间有显著的差异。针叶树种的平均叶面积指数远高于阔叶树种，这说明它们的冠层结构相比于阔叶树种来说更紧凑，降雨在经过冠层时更容易被截留，进而导致截留量和截留率显著提高。因此在乔木的选择上，推荐种植圆柏、侧柏、白皮松等，种植间距约为 5m，也可以选择本土树种，如旱柳、杨树等。

灌木方面，在地表径流流经水系生态廊道前设置 1~2m 宽的散流带能提高生态廊道对地表径流中的泥沙和污染物的截留效率，因为具有坚韧茎干的散流植物能形成障碍屏障空间，消耗入流水流势能，减缓流速，延长地表径流的停留时间，从而有利于污染物的去除，如女贞、大叶黄杨、广玉兰、石楠等。

草地的面积占据水系生态廊道大部分，不同的种类的草本植物在不同生长期拥有不同的阻滞地表径流的能力，植被叶片等地上组织及根系组织对地表径流中泥沙及污染物的截留作用有较大的差异。现有的草本植物配置大部分为"芦苇+狗牙根+牛筋草"的模式，这种植物配置使得茎间距很小，过滤介质曼宁糙度系数也较大，因此对泥沙和 TP 的截留效果也较好，在对其余水系生态廊道草本植物选种时，也可以采用此种配置，也可增加更多具有观赏价值的草本植物，如蒲苇、狼尾草、细叶芒、苜蓿等。生态廊道植物配置参数见表 5.15。

表 5.15　生态廊道植物配置

| 生态廊道类型 | 植被类型 | 物种 | 株数/万株 | 面积/hm² |
|---|---|---|---|---|
| 观光型水系生态廊道 | 乔木 | 圆柏、侧柏、白皮松、旱柳、杨树、紫叶李 | 1.63 | — |
| 简易式连接型生态廊道 | | | 1.03 | — |
| 观光型水系生态廊道 | 灌木 | 女贞、大叶黄杨、广玉兰、石楠 | — | 19.32 |
| 简易式连接型生态廊道 | | | — | 11.97 |
| 观光型水系生态廊道 | 草本 | 芦苇、狗牙根、牛筋草、蒲苇、狼尾草、细叶芒、苜蓿 | — | 37.64 |
| 简易式连接型生态廊道 | | | — | 22.94 |

## 5.2.3　水系生态廊道构建前后对污染物截留效果对比

### 1. 模型构建

植被过滤带（vegetative filter strips，VFS）主要指位于污染源与邻近水体之间的人工栽植或天然植被区域，一般可应用于道路、河流、湖泊及水库保护缓冲过滤带，可增加土壤抗侵蚀能力、水分渗透力及涵养水源、提高边坡稳定性，亦可有效削减农业活动所产生的面源污染物的传输。VFSMOD 模型是目前比较先进的、可全面模拟植被过滤带对地表径流污染物拦截以及泥沙削减的工具，受到美国农业部《缓冲带、廊道和绿色通道设计指南》的推荐。其具体包括四个模块，分别为入渗模块、地表径流模块、泥沙过滤模块和污染物运移模块。

　　大寺河流域起步区内主要以砂质壤土为主，模型所需的初始含水量、饱和含水量和饱和含水率采用环刀法进行测定。踏查大寺河流域（起步区段）的全部河段，排除河岸坡度过大、植被覆盖不完全及其他影响因素的干扰，模型采样点位置坐标为（117°2′40.857″E，36°51′34.3″N），模型采样点位实景见图 5.7。

图 5.7　过滤带实测点位实景

　　在降雨事件发生 30min 后，地面产生稳定径流时，于植被过滤带入流点和出流点采集 T1 ~ T3 组水样，对泥沙含量和总磷浓度进行测定，缓冲带各段曼宁糙率系数与缓冲带内植被状况有关。本研究模拟缓冲带内植被为浓密草地：芦苇、牛筋草和狗牙根。植被过滤带设参数设置见表 5.16。

表 5.16　植被过滤带各参数意义及取值

| 参数 | 单位 | 物理意义及描述 | 取值 |
| --- | --- | --- | --- |
| FWIDTH | m | 过滤带宽度 | 4 |
| VL | m | 过滤带长度 | 6 |
| SM | m | 填注水量 | 0 |
| H | cm | 植株高度 | 14 |

续表

| 参数 | 单位 | 物理意义及描述 | 取值 |
|------|------|--------------|------|
| SS | cm | 茎间距 | 0.7 |
| VN | $s/cm^{1/3}$ | 过滤介质曼宁系数 | 0.012 |
| VN2 | $s/cm^{1/3}$ | 裸地曼宁系数 | 0.04 |
| COARSE | % | 粒径>0.0037cm 泥沙占比 | 0.1 |

### 2. 参数率定

利用实验数据进行参数率定，以实测数据进行校准和验证。采用模拟偏差（D）、均方根误差（RMSE）、平均相对误差（MRE）3 个指标评价泥沙和总磷模拟精度。从表 5.17 可以看出，泥沙和总磷的模拟值与实测值之间显示出良好的一致性，泥沙的 D 范围为-7.85%～-1.92%，RMSE 范围为 0.18%～0.93%，MRE 范围为 2.83%～8.52%；总磷的 D 范围为-5.94%～-3.11%，RMSE 范围为 0.05%～0.07%，MRE 范围为 3.21%～6.32%。

表 5.17　泥沙及 TP 率定验证

| 参数 | 指标/% | T1 | T2 | T3 |
|------|--------|------|------|------|
| 泥沙 | D | -3.43 | -7.85 | -1.92 |
| | RMSE | 0.93 | 0.18 | 0.19 |
| | MRE | 3.56 | 8.52 | 2.83 |
| TP | D | -5.05 | -5.94 | -3.11 |
| | RMSE | 0.06 | 0.07 | 0.05 |
| | MRE | 5.32 | 6.32 | 3.21 |

### 3. 规划前后泥沙及污染物截留效果对比

经模拟，不同坡度植被过滤带对泥沙和总氮总磷截留效果如图 5.8 所示，植被过滤带对泥沙和 TP 的截留率随着过滤带宽度的增大而增大。此外，植被过滤带对泥沙和 TP 的削减更多集中在前端区域，当过滤带宽度为 10m 时，对泥沙截留率达 85%，表现出良好的截留效果。总体上植被过滤带对泥沙和 TP 的截留率随着坡度的增大而减小，这是由于坡度越小，降雨产生的径流流速就越小，使得径流在植被过滤带的停留时间就越长，过滤带对泥沙和 TP 的截留效果也就越好。

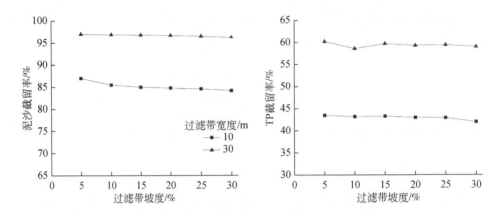

图 5.8 不同坡度植被缓冲带对泥沙和 TP 的削减效果

按照观光型水系生态廊道 30m 宽度和简易式连接型生态廊道 10m 宽度进行模拟，并与规划前的 6m 宽度进行对比。如图 5.9 所示，相比规划前，简易式连接生态廊道对泥沙的截留效果提高了 14.7%，对 TP 的截留效果提高了 9.7%；观光型水系生态廊道对泥沙的截留效果提高了 26.4%，对 TP 的截留效果提高了 27.2%。

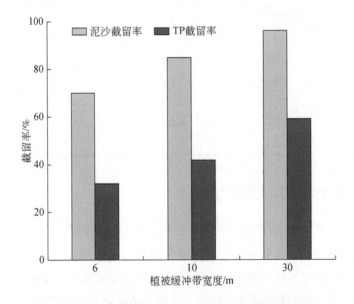

图 5.9 生态廊道规划前后对泥沙和 TP 的截留效果对比

### 5.2.4　湿地、廊道体系构建前后生态系统服务价值对比

湿地、廊道体系的构建将提升流域内生态系统服务价值水平，生态系统服务价值的增加主要体现在价值系数较高的用地类型面积的变化。为便于比较湿地、廊道体系构建前后对流域生态系统服务价值的提升效果，默认湿地和廊道体系的构建分别增加了流域内的水域和林地占比，且本节计算 ESV 时暂不考虑各用地类型环境质量特征的空间异质性，均采用 2020 年修正后的流域范围内各地类当量因子的平均值作为该地类标准当量因子，一个标准当量的经济价值也以 5.1.2 小节中 2020 年的数据为基准。统计各湿地占地面积时，采用前面计算的湿地表面积，且默认湿地形状为圆形。统计廊道体系面积占比时，将观光型生态廊道宽度设定为 30m，简易式连接性生态廊道宽度设定为 10m。具体计算方法参考 5.2.2 小节。湿地、廊道体系构建前后各地类及各服务功能服务价值变化情况分别见表 5.18 和表 5.19。

根据表 5.18 可知，湿地、廊道体系构建后生态系统总 $ESV_S$ 由 21749.57 万元增加至 25119.26 万元，增加了 15.49%。林地和水体 $ESV_S$ 增加；耕地、草地和未利用地 $ESV_S$ 减少，主要由于湿地、廊道体系构建占用了这几种地类。湿地体系构建，增加了水体面积，使得水体 $ESV_S$ 由原来的 3772.83 万元增加至 7124.06 万元，增加了 88.83%。廊道体系构建增加了林地面积，使得林地的 $ESV_S$ 增加了 13.60%。另有一部分 $ESV_S$ 增加值是由于建设用地向林地和水体转移引起。

表 5.18　湿地、廊道体系构建前后各地类生态系统服务价值变化

| 用地类型 | 生态系统服务价值（实施前）/万元 | 生态系统服务价值（实施后）/万元 | 变化率/% |
|---|---|---|---|
| 耕地 | 11131.53 | 10583.70 | −4.92 |
| 林地 | 4804.51 | 5458.16 | 13.60 |
| 草地 | 2012.02 | 1925.29 | −4.31 |
| 水体 | 3772.83 | 7124.06 | 88.83 |
| 未利用地 | 28.68 | 28.05 | −2.20 |
| 建设用地 | 0 | 0 | 0 |
| 合计 | 21749.57 | 25119.26 | 15.49 |

从服务功能角度分析，由表 5.19 可知，除了生态系统食物生产功能价值减

少外，其他服务功能价值均有不同程度的增加，这主要与湿地、廊道体系构建使耕地面积大量减少有关。娱乐文化功能价值增加比最高，增加了 52.21%，水文调节功能价值增加量最多，其次是废物处理，分别增加了 1509.60 万元和1212.79 万元，主要与廊道、湿地体系构建使得水文循环、水源涵养和污染物净化能力大幅提升有关。

**表 5.19　湿地、廊道体系构建前后各服务功能价值变化**

| 服务功能 | 生态系统服务价值（实施前）/万元 | 生态系统服务价值（实施后）/万元 | 变化率/% |
|---|---|---|---|
| 食物生产 | 1725.18 | 1652.11 | -4.24 |
| 原材料 | 747.51 | 805.60 | 7.77 |
| 空气质量调节 | 1797.39 | 1836.85 | 2.20 |
| 气候调节 | 2315.29 | 2335.89 | 0.89 |
| 水文调节 | 3567.18 | 5076.78 | 42.32 |
| 废物处理 | 4786.77 | 5999.57 | 25.34 |
| 土壤保持 | 3753.61 | 3814.02 | 1.61 |
| 维持生物多样性 | 2391.08 | 2585.35 | 8.12 |
| 娱乐文化 | 665.56 | 1013.09 | 52.21 |
| 合计 | 21749.57 | 25119.26 | 15.49 |

## 5.3　结　　论

构建"压力-状态-响应"（PSR）水生态健康安全评价体系，并采用熵值确权法和综合系数法，分析大寺河流域起步区近 20 年水生态健康安全状况、变化趋势及主要影响因素；根据评价结果，针对流域影响可持续发展的水生态健康安全问题，提出水生态健康安全修复模式，在流域尺度构建湿地和生态廊道体系，主要结论如下：

①大寺河流域起步区生态系统服务价值总体呈增加态势。2002～2020 年，林地和草地 $ESV_s$ 分别增加 1991.87 万元、1960.42 万元，耕地、水体和未利用地 $ESV_s$ 分别减少 1044.44 万元、661.73 万元和 70.27 万元，大寺河流域起步区总 $ESV_s$ 总体增加 2175.85 万元；空气质量调节、生物多样性维持和气候调节功能价值分别增加 1386.73 万元、324.78 万元和 294.27 万元，是总 $ESV_s$ 增加的主

要原因，贡献率分别为 53.18%、12.46% 和 11.29%；耕地和未利用地向林地转移是 ESV$_S$ 增加的主要转移类型，贡献率分别为 18.35% 和 10.13%，耕地复垦和建设用地扩张是导致 ESV$_S$ 下降最显著的土地利用变化，贡献率分别为 20.14% 和 19.03%。

②明确了水生态健康安全状况、变化趋势及关键影响因素。2002~2020 年，大寺河流域起步区水生态健康安全评价值由 3.72 波动增加至 6.79，水生态健康安全总体呈改善趋势。其中，2002 年和 2015 年处于中警状态，2009 年和 2020 年处于预警状态；城市化率、有效灌溉面积、用水量、排污量以及单位耕地化肥和农药的施用量是水生态健康安全压力形成的主要影响因子；水生态健康安全状态直接表达为 NH$_3$-N、COD 和 SO$_2$ 污染物排放量、最大积水量、最大积水面积、水体破碎度和生态用地面积的显著变化；提高污水集中处理率、科技教育以及生态环保投资是影响响应系统的主要因子。

③完成了大寺河流域起步区雨水安全修复模式构建。以年径流总量控制率不低于 85% 为控制目标，规划雨水湿地 31 处，总设计调蓄容积 97.0480 万 m$^3$ 大于调蓄控制容积 96.8818 万 m$^3$ 的要求，实现了"小雨不积水，大雨不内涝"的海绵城市建设目标。

④优化了水生态健康安全修复系统。规划 30m 宽度观光型水系生态廊道，利用水生态廊道串联湿地体系形成了韧性生态系统。选择乔灌草组合方式对水系生态廊道进行植物配置，给出了搭配的乔木植物种类，种植 1.63 万株和 1.03 万株；灌木植物种类，种植 19.32hm$^2$ 和 11.97hm$^2$；搭配的草本植物，种植 37.64hm$^2$ 和 22.94hm$^2$，植物配置可以有效快速形成绿色生态网络。利用 VFSMOD 模型模拟了对泥沙和污染物截留效果，发现 30m 宽度观光型水系生态廊道对泥沙和 TP 截留效果相比规划前分别提高了 26.4% 和 27.2%。

⑤对优化后的水生态系统的健康安全进行了后评估，显示修复优化后水生态系统显著提高了大寺河流域起步区生态价值，总 ESV$_S$ 由 21749.57 万元增加至 25119.26 万元，增加了 15.49%。林地和水体 ESV$_S$ 分别增加了 13.60% 和 88.83%；生态系统的娱乐文化功能价值增加比最高，增加了 52.21%，水文调节功能价值增加量最多，其次是废物处理，分别增加了 1509.60 万元和 1212.79 万元。

（王宜新　张　恺　王浩程　崔仁泽）

# 参 考 文 献

［1］ Stoddard J L, Larsen D P, Hawkins C P, et al. Setting expectations for the ecological condition of streams: the concept of reference condition. Ecological Applications: A Publication of the Ecological Society of America, 2006, 16 (4): 1267-1276.

［2］ Poikane S, Salas Herrero F, Kelly M G, et al. European aquatic ecological assessment methods: a critical review of their sensitivity to key pressures. Science of the Total Environment, 2020, 740: 140075.

［3］ Brosed M, Jabiol J, Chauvet E. Towards a functional assessment of stream integrity: a first large-scale application using leaf litter decomposition. Ecological Indicators, 2022, 143: 109403.

［4］ Martinez-Haro M, Beiras R, Bellas J, et al. A review on the ecological quality status assessment in aquatic systems using community based indicators and ecotoxicological tools: what might be the added value of their combination? . Ecological Indicators, 2015, 48: 8-16.

［5］ Díaz S, Settele J, Brondízio E S, et al. Pervasive human-driven decline of life on earth points to the need for transformative change. Science, 2019, 366 (6471): eaax3100.

［6］ 易雨君, 叶敬盰, 丁航, 等. 水生态评价方法研究进展及展望. 湖泊科学, 2024, 36 (3): 1-15.

［7］ Postel S, Bawa K, Kaufman L, et al. Nature's services: societal dependence on natural ecosystems. Washington, DC: Island Press, 2012.

［8］ Díaz S, Demissew S, Carabias J, et al. The IPBES Conceptual Framework—connecting nature and people. Current Opinion in Environmental Sustainability, 2015, 14: 1-16.

［9］ Silvestri S, Zaibet L, Said M Y, et al. Valuing ecosystem services for conservation and development purposes: a case study from Kenya. Environmental Science & Policy, 2013, 31: 23-33.

［10］ Nelson E, Polasky S, Lewis D J, et al. Efficiency of incentives to jointly increase carbon sequestration and species conservation on a landscape. Proceedings of the National Academy of Sciences, 2008, 105: 9471-9476.

［11］ Foley J A, DeFries R, Asner G P, et al. Global consequences of land use. Science, 2005, 309: 570-574.

［12］ Burkhard B, Kroll F, Nedkov S, et al. Mapping ecosystem service supply, demand and budgets. Ecological Indicators, 2012, 21: 17-29.

［13］ Yang D, Liu W, Tang L Y, et al. Estimation of water provision service for monsoon catchments of South China: applicability of the InVEST model. Landscape and Urban Planning, 2019, 182: 133-143.

[14] Villa F, Bagstad K, Johnson G, et al. ARIES (Artificial Intelligence for Ecosystem Services): a new tool for ecosystem services assessment, planning, and valuation. Biodiversity and Economics for Conservation, 2009.

[15] 杨婷, 张代青, 沈春颖, 等. 基于能值分析的流域生态系统服务功能价值评估——以东江流域为例. 水生态学杂志, 2023, 44 (1): 9-15.

[16] 吴阿娜, 杨凯, 车越, 等. 河流健康状况的表征及其评价. 水科学进展, 2005, 16 (4): 602-608.

[17] Rapport D J. What constitutes ecosystem health. Perspectives in Biology and Medicine, 1989, 33 (1): 120-132.

[18] Harrison C. Ecosystem health—new goals for environmental management. Ecological Engineering, 1993, 2 (4): 378-379.

[19] 李灿, 李永, 李嘉. 湖泊健康评价指标体系及评价方法初探. 四川环境, 2011, 30 (2): 71-75.

[20] 刘翔宇. 基于PSR和SD模型的抚河流域生态系统健康评价及发展态势研究. 南昌: 东华理工大学, 2022.

[21] 国土资源与环境保护部. 流域生态健康评估技术指南 (试行). 2013.

[22] 李银久, 李秋华, 焦树林. 基于改进层次分析法、CRITIC法与复合模糊物元VIKOR模型的河流健康评价. 生态学杂志, 2022, 41 (4): 822-832.

[23] 李继影, 牛志春, 陈桥, 等. 江苏省太湖流域水生态健康评估的初步实践及展望. 环境监测管理与技术, 2018, 30 (5): 1-3, 7.

[24] 方兰, 李军. 论我国水生态安全及治理. 环境保护, 2018, 46 (Z1): 30-34.

[25] 张远, 高欣, 林桂宁, 等. 流域水生态安全评估方法环境科学研究. 2016, 29 (10): 1393-1399.

[26] 岳健, 穆桂金, 杨发相, 等. 关于流域问题的讨论. 干旱区地理, 2005, 28 (6): 776-780.

[27] 陈美球, 许莉, 刘桃菊, 等. 基于PSR框架模型的赣江上游生态系统健康评价. 江西农业大学学报, 2012, 34 (4): 839-845.

[28] 李干杰. 坚持走生态优先、绿色发展之路扎实推进长江经济带生态环境保护工作. 环境保护, 2016, 44 (11): 7-13.

[29] 于璐璐, 朱丽东, 吴涛, 等. 流域生态系统健康评价研究进展. 水文, 2017, 3 (37): 7-13.

[30] 曹家乐, 张亚辉, 张瑾, 等. 基于文献计量学的流域生态健康评价研究热点及趋势分析. 环境保护科学, 2023, 49 (1): 32-38.

[31] 彭建, 赵会娟, 刘焱序, 等, 区域水安全格局构建: 研究进展及概念框架. 生态学报,

2016, 36 (11): 3137-3145.

[32] Yao J, Wang G, Xue B, et al. Identification of regional water security issues in China, using a novel water security comprehensive evaluation model. Hydrology Research, 2020, 51 (5): 854-866.

[33] 李港, 陈诚, 姚斯洋, 等. 基于压力–状态–响应和物元可拓模型的城市河流健康评价. 生态学报, 2022, 42 (9): 3771-3781.

[34] Rapport D J, Singh A. An eco- health based framework for status of environment reporting. Ecological Indicators, 2006, 6 (2): 409-428.

[35] 陈奕, 许有鹏, 宋松. 基于"压力–状态–响应"模型和分形理论的湿地生态健康评价. 环境污染与防治, 2010, 32 (6): 27-31, 59.

[36] 龙笛. 国外健康流域评价理论与实践. 河海水利, 2005, (3): 1-5.

[37] 曹宝, 罗宏, 吕连宏. 生态流域建设理念与发展模式探讨. 水资源与水工程学报, 2011, 22 (1): 31-35, 39.

[38] 江海. 基于综合生态系统管理理念的流域环境管理体系探析: 以巢湖流域水污染防治为视角. 巢湖学院学报, 2017, (2): 10-14.

[39] Rainer W. Development of environmental indicator systems: experiences from Germany. Environmental Management, 2000, 25 (6): 613-623.

[40] 董雅雯, 佘济云, 陈冬洋, 等. 基于景观格局及生态敏感性的三亚市景观脆弱度研究. 西南林业大学学报, 2016, 36 (4): 103-108.

[41] 程宪波, 陶宇, 欧维新. 生态系统服务与人类福祉关系研究进展. 生态与农村环境学报, 2021, 37 (7): 885-893.

[42] James Boyd, Spencer Banzhaf. What are ecosystem services? the need for standardized environmental accounting units. Ecological Economics, 2007, 63 (2): 616-626.

[43] 欧阳志云, 王效科, 苗鸿. 中国陆地生态系统服务功能及其生态经济价值的初步研究. 生态学报, 1999, 19 (5): 607-613.

[44] 谢高地, 鲁春霞, 冷允法, 等. 青藏高原生态资产的价值评估. 自然资源学报, 2003, 18 (2): 189-196.

[45] Costanza R, D'Arge R, de Groot R, et al. The value of the world's ecosystem services and natural capital. Nature, 1997, 387 (6630): 253-260.

[46] 李佳鸣, 冯长春. 基于土地利用变化的生态系统服务价值及其改善效果研究——以内蒙古自治区为例. 生态学报, 2019, 39 (13): 4741-4750.

[47] 谢高地, 张彩霞, 张雷明, 等. 基于单位面积价值当量因子的生态系统服务价值化方法改进. 自然资源学报, 2015, 30 (08): 1243-1254.

[48] 谢高地, 甄霖, 鲁春霞, 等. 一个基于专家知识的生态系统服务价值化方法. 自然资源

学报，2008，23（5）：911-919.

[49] 李少华，李晨希，董增川. 生态型水网理论体系及关键问题探讨. 水利水电技术，2006，（2）：64-67.

[50] 陈菁，马隰龙. 新型城镇化建设中基于低影响开发的水系规划. 人民黄河，2015，（8）：27-29.

[51] 宋英伟，年跃刚，黄民生，等. 人工湿地中基质与植物对污染物去除效率的影响. 环境工程学报，2009，3（7）：1213-1217.

[52] 贾一非. 海绵城市末端调蓄的雨水湿地设计研究. 北京：北京林业大学，2020.

[53] 王春连，王佳，郝明旭. 不同设计参数对雨水湿地水量水质的调控规律. 生态学报，2019，39（16）：5943-5954.

[54] David R. Maidment 著. 水利 GIS–水资源地理信息系统. 刘之平，丁志雄，等译. 北京：中国水利水电出版社，2013：73-79.

[55] P J Boon，P Gallow G E 著. 河流保护与管理. 宁远，沈承珠，谭炳卿，等译. 北京：中国科学技术出版社，1997：26-32.

# 第6章　流域城市街巷形态与水生态可持续

天然河流水系形态是水自然动力与地形地貌之间相互作用的结果[1]，遵循自然发育规律。自然状态下，流域形态多为树枝状结构，依据水系结构 Horton 定律[2]，流域各级水道数目、平均长度和流域面积随水道级别呈几何级数变化。然而，由于流域城市的产生，城市空间组织形式使全球 60% 的河道发生了从河流资源向土地资源的变化，阻断了水系发育演变进程[3]，破坏了自然河流水系的有机形态；May 等研究得出城市化扩展伴随着侵占其所在流域的河道水系、改变河槽形态、影响河流水质、破坏水系生态环境等现象[4]。

城市空间是由街巷组织形成，街巷是城市空间的主要组成部分，是城市空间形态的基本构成要素之一。网格状路网+矩形地块的棋盘式的街巷的空间组织方式是现代城市广泛采用的街巷形式，棋盘格网式的街道布局有助于建立有条理的聚居区，促进区域组织管理，建立公共空间的安全秩序[5]。然而为了实现棋盘网格式的空间组织形式，填埋矩形地块内部低等级河道水系、改变水系走向等，导致城市街区内河流水系减少和河道平直化现象；表现为高度城市化地区河网结构趋于简单化、非主干河道减少[6]，河网调蓄能力下降[7]，引发洪涝灾害；沿街巷布置的城市管网系统，改变了河流水系内的降雨的分配，导致河流缺水甚至断流。城市化是区域水资源及水环境问题产生的根源，街巷形态是流域城市水生态问题产生的动因。城市空间组织形式对水系结构破坏性改造导致区域地表水文生态格局紊乱，是区域水资源及水环境问题产生的根源之一。

城市街巷形态被认为是有效支撑了社会经济活动，促进了经济集聚，激发了该地区良好的城市活力[8,9]，城市街区形态的研究从产生到发展，关注的重点都是经济社会建设的需求，水生态系统的完整性从来都没有与街区形态产生联系，为了达成经济社会目的，满足街区形态要求，改变水系空间形态是自然而然的事情。芒福汀在《绿色尺度》中呼吁对街道以及街区的价值进行审视和关注[10]，保持原有地貌和水系形态下的城市空间组织，形成不仅有社会经济活力，而且更具水生态活力的城市空间。

流域城市的形成与空间组织方式的演变，影响并改变了流域水系的空间布局与水系走向，影响了水资源的空间分布。现当代城市棋盘式网络空间组织方式导致了城市水资源短缺和水生态危机。在人与自然和谐共生的背景下，维护城市水生态健康安全与可持续发展，迫切需要改变以人为中心的流域城市空间组织方式，遵从河流水系的演进规律，符合水系自然的形态，建立水生态导向下的流域城市街巷形态，形成与河流水生态耦合共生的城市空间组织方式。

## 6.1　需求导向下的街巷与水系形态

城市由大量的街区单元构成，街区是城市最重要的组成部分与形态系统之一，是地块空间划分的基本单元，是城市肌理的构成元素、物质组成和空间结构，反映了城市营建的理念、政治、经济、土地制度和历史传统。城市的始源通常是农业居民点，发展过程中并没有总体目标和规划，主要是随着自然或功能的客观条件，根据发展的实际需求，不断积累和叠加形成城市综合形态。城市的街区形态表达，往往构图自由、用地灵活，整体城市结构有机连接，同时又根据具体情况而变[11]。中国的街区产生于周代，"匠人营国"制度确立后，"间里"的出现成为有据可查的城市单元；最早的规划制度源于战国时期的《周礼·考工记》："国中九经九纬，经涂九轨"，王城模式为：方城、里坊、轴线、对称，形成了方正路网城市结构的雏形。中国城市以"礼制精神"为理念，关注城市轴线的规整与建筑布局的方正。唐朝城市格局逐渐演变为里坊制。皇居居北，朱雀大街为中轴线，以 11 条南北大街和 14 条东西大街将全城划分为 108 坊和东西两市。全城分区明确，道路端直无曲，诸坊"棋布栉比，街衢绳直"，唐长安城形成了成熟的棋盘式街巷布局，如图 6.1 所示。

明清政府把层级制官僚体系"物化"为一个整齐有序的城市外在的形态体系，使城市体系成为权力体系的"化身"，治所城市（特别是行政等级最高的都城）在空间布局上适应礼制的需要，体现礼制的精义[13]，政治驱动了方正的路网形态在中国的蔓延。如图 6.2 所示，济南古城的空间形态，为了达成空间布局礼制的精义，重新组织了水系空间，引导河流水系进入护城河，沿城市外围进入下游河道，护城河改变了原有的水道[14]；城市内部利用人工沟渠，改变河流水系蜿蜒曲折的形态，变为平直的渠道。如图 6.3 所示，形成了快排系统，为了缓解快排导致下游泛洪，扩建了下游湖泊的空间[15]（大明湖在唐、宋时期不断扩大，到金、元"几占城三之一"），重新组织了水系空间。

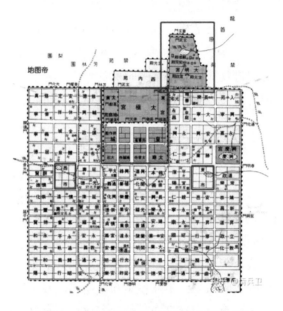

图 6.1　唐长安城街巷布局与空间形态[12]

图 6.2　清代同治时期圩子城墙修筑城门（资料来源：魏亚萌改绘《新兴济南市大观》)[16]

　　1811 年纽约城规划报告明确阐述："我们不能但必须要记住的是一个城市应该重要是由人的居住生活构成的，建造直边和正角的住宅造价最低，且最方便人的居住，这些简单和清晰的形式是非常重要的"。这些理论成为棋盘格网式街区形态的演进的重要依据。美国《国家土地条例》决定绝大多数美国城镇的基础结构为网格。著名的"曼哈顿网格"规划方案于 1845 年基本形成并奠定了城市的最终格局，基本呈现密集的严格正交网格形态特征，其中规划街区普遍为2hm$^2$ 以下的矩形形态[18,19]。

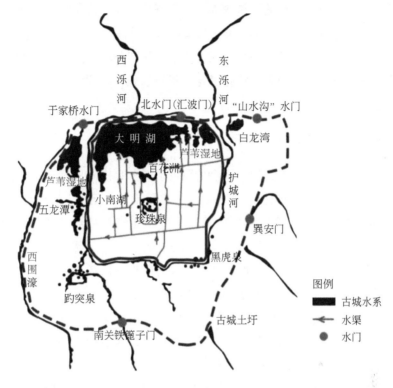

图 6.3　清代济南府的排水系统推测[17]

　　用网格规划改造已有的、不够有条理的城镇现状以引入"更好的秩序"，在受限制的地形中网格规划的正交街道系统仍然可以略作调整而不影响其基本体系，网格规划能较大程度地满足城镇快速建设和规模迅速扩大的要求。正交原则是不同的网格规划之间的共同特点，在网格规划的城市中，不同方向的街道相互垂直，相同方向的街道之间彼此平行。满足人的需求导向下的街巷空间布局，无视自然水系的形态，忽略河道功能作用，改变了流域水系形态。随着城市扩张，水生态环境危机出现，水生态可持续成为人类迫切需要，讨论人类需求导向下的城市形态，是否是水生态危机的成因之一。如果是，水生态可持续背景下城市形态的演进方向将是本章讨论的重点。

## 6.2　专项规划强化下的街巷形态与水文过程

　　现代城市被概括为"以人为主体以空间和自然环境的合理利用为前提，以集聚经济效益和社会效益为目的，集约人口、经济、科技、文化的空间地域系统是一个与周边地区进行人、物、信息交流的动态开放系统"[20]。2010 年之前，生态没有纳入城市总体规划，城市规划以人为中心，生态环境是为人服务的。以人为中心的原则导向下的专项规划，强化了这一指导思想，填埋河流水系，成为空间管理的手段。

### 6.2.1　路网规划约束雨水径流路径

方格式道路是古今中外，经久不衰的路网形式。自由式路网，变化丰富，容易迷失方向。尽端式路网不是一种网络化的路网形式，容易带来交通问题[21]。优良的城市结构应该是传统的半网结构，如此才能满足社会活动的多样性[22]。网状的城市结构与交通效率共同促成了方格状的路网形态。《城市道路路线设计规范》（CJJ 193—2012）规定：两相邻平曲线间的直线段最小长度应大于或等于缓和曲线最小长度。《城市道路交叉口设计规程》规定：平面交叉口按几何形状可分为十字形、T 形、Y 形，这些规范组织形成的路网形体，也有利于形成方格式路网结构。道路网规划对城市发展有着长期的、结构性的作用，道路交通的物质环境一旦建立起来，由道路网设施配置及布局所带来调整就变得非常困难。《城镇内涝防治技术规范》规定：道路在城市排水体系有通道作用，在正常情况下雨水通过道路进入雨水管渠[23]，路网空间布局约束雨水径流，形成了雨水收集系统的空间形态。

### 6.2.2　排水规划改变水系空间走向

《城市排水工程规划规范》（GB 50318—2017）规定：排水管渠应布置在便于雨水、污水汇集的慢车道或韧性道下；道路红线宽度大于 40m 时，排水管渠宜沿道路双侧布置。《室外排水设计标准》（GB 50014—2021）：排水管沿城镇道路铺设，并与道路中心线平行。城市排水系统规划与城市道路规划相衔接，导致城市雨水径流改变了自然径流的走向，集中进入道路两侧的收集系统。以泰安市泮河流域为例，图 6.4 为泰安市自然状态的泮河流域的河道系统和汇水区的范围。泰安市城区以 5 ~ 8km²/a 速度扩张，路网改变了自然汇水区的划分，形成了网格状路网+矩形地块住宅区的街巷形态，城市局部性暴雨频次增高，1985 ~ 2016 年全市共发生较大水灾 14 次，其中，较为严重的 5 次[24]。垂直于河道的排水系统采用快排方式，将汇水雨水快排进入下游河道，导致河道的防洪等级被迫升级，泰安市城市排水（雨水）防涝综合规划（2016～2030）中河道防洪标准均已经提高至 50 年一遇。人类对下垫面改变，使得流域水循环过程由天然水循环向天然-人工二元水循环转变[25]，流域城市街巷空间组织方式引导下的排水系统组织形式，是水资源短缺、河流枯竭和生态问题的根源之一。

图 6.4　泰安市泮河流域与汇水区图

　　棋盘格网式街道规划忽略自然地形地势特征，城市排水管道沿主要街道铺设，忽略自然径流的走向，阻断了汇水区的功能；棋盘网格街巷形态，配以沿街巷布局城市管网机械地推动城市快速扩张，改变了流域地表水文过程，阻断了雨水的下渗，减少了对地下水的补给，加剧局部区域水资源短缺[26]，成为水生态系统最大破坏力量，这种力量随着城市规模扩大被持续强化。

### 6.2.3　以人为本机械思维主导的城市组织范式的转向

　　世界文明的进程是以精神法则战胜自然法则——人战胜自然为标志的[27]。中世纪文艺复兴时期认为自然运动是通过外界施与而实现的，赋予人统治万物的权力，以人的意志为中心对自然进行摆布，人本主义凌驾自然之上的思维模式和宗教信仰在最深刻、最普遍的意义上影响着物质空间的面貌与价值形态。受中国历史传统文化影响，封闭式街区是特定条件下我国空间组织形式并演化为主导模式。封闭的街区表达了封闭的社会关系，居住隔离意图[28]。城市文化以内力推动街巷几何特征形态固化与形成，在我国城市街区不是行政单位，但是管理的基本单位。人工规划的街巷强调功能技术理性，属于机械性形态，是经过规划和设计创造出来的形态，具有清晰的计划性和目的性，表现为规则的几何形态。

　　随着全球性生态危机的日益加剧，城市生态环境的每况愈下，警示我们以人为中心的人本主义价值观已经无法解决整体性生态危机，急需用新的价值观进行修正。深层生态学提出的价值观，成为价值观的新选项。深层生态学认为应该去人类中心主义立场，将人类自身作为组成部分之一去关心自然[29]，人与自然和谐共生价值论的形成，是以人为本机械思维主导的城市组织范式，向人与自然和谐共生理念的转向，该理念承认自然世界存在价值多元化和主体多元化，自然界并不以人的价值为价值，不以人为主体发展进化，人是作为自然环境而存在。在人与自然和谐共生价值观导向下的城市街巷形态受自然地理因素限制，表达出对自然地理条件的顺从或改造，以解读自然的方式，确定物质基础的利用程度，从系统论的角度提出环境与街巷空间的组织方式，强调生态和街巷的有机共生，城市街巷形态与丰富的自然地理形态相互依存、相互延续，形成有序的街巷空间结构框架。

在人与自然和谐共生价值观主导下，城市街巷形态的研究关注气象、地形、地貌、水文等要素，分析各要素紧密联系和互相约束的规律。街巷空间结构以地形、山势、水向、植被为基本的物质基础，不求规整有序但求自然适用。流域城市水系生态是地域内生物群落与河流水系环境相互作用的统一体，是一个复杂、开放、动态、非平衡和非线性系统，具备物种流动、能量流动、物质循环和信息流动等生态系统服务和功能。应充分分析流域水系的空间组织方式，减少对水系系统干扰，保障系统的完整性。

## 6.3　水生态健康安全导向下的流域城市街巷形态

吴良镛先生在《广义建筑学》一书中提出了理想的人居环境应该拥有良好的空间组织形式和完美的艺术形象。欧洲旧石器时代晚期的河流系统具有作为空间组织特征的作用，河流的生物物理特性和社会文化语义[30]用来评价河流在空间组织中的作用。人类是空间的动物，人类的空间性决定了人生而为人，人类不仅受自然条件影响，更受到流域生态文化系统（ecoculture system）状态塑造，水生态文化是重要的工具，指导人类组织不同生活方式。

河流是人类文明的起源，是连接水圈、生物圈、岩石圈的重要纽带，同时也是重要的生物栖息地[31]。水系形态结构和连通状况是河流发育的基础，恢复自然水系形态结构成为研究的热点[32]，Tarboton 验证了天然水系具有分形特征[33]。水系弯曲度是河流平面形态的重要表征指标。水系的自然演变中，弯曲与自然裁弯现象会交替发生，其蜿蜒性对维持流域的生物多样性具有要意义[34]；河流的弯曲是一种"动能自补偿"作用，与水流的能量大小、流量、比降等密切相关，上下断面动能差越大，河流的弯曲系数就越大[35]。在河流的自然修复中，恢复河流弯曲度也是重要的指导性指标。

用与自然和谐的方式改变流域城市空间组织方式，需要解析自然水生态系统的组织方式，用道法自然的生态理念和生存之道[36]组织城市街巷空间。分析流域水系自然形态，关注水系低级和末端支流，街巷布局顺应等高线，垂直于低级或者末端支流布设，恢复降雨径流水系形成机制，维持水系自然形态。由于排水系统与道路水系相结合，街巷在适应雨水径流的过程中，承担引导水、分配水和排放水的多重功能，形成树枝状结构等近自然结构形态，主次分明、结构清晰，集交通组织、防洪排水于一体的多功能基础设施系统。街巷空间与水系空间耦合，街巷形态配合水系形态，街巷尺度符合水系空间尺度，形成自然与城市空间浑然天成的街巷布局。

以泰安市自然状态的泮河流域的河道系统为例，在尽可能保护水系各支流分布完整前提下，泮河流域沿等高新规划的主干道和雨水径流排放方向引导。强化平行于等高线方向的径流排水和街巷布局，改变以快排为目的、垂直于等高线方向的管线的布局，输导雨水径流进入上游河道。减少河道下游的行洪压力，保障上游河道有足够的生态用水；改变城市路网和城市管网规划的时序，按照水生态优先的原则，进行水生态现状分析，规划雨水径流分布和雨水收集走向后，按照雨水径流收集的需求，规划路网的分布；修改城市道路规划规范，增加城市道路要遵从河流水系分布，引导降雨径流分布和生态用水的需求。

# 6.4　结　　论

①以人为主体街巷空间规划和由此形成道路和雨水专项规划，强化了人本主义思想，填埋河流水系成为空间管理的手段。现状流域城市街巷空间组织方式引导下的排水系统组织形式，是水资源短缺、河流枯竭和生态问题的根源之一。

②人与自然和谐理念，现代城市规划以人为主体、以空间和自然环境的合理利用的原则，关注水生态自然规律，以解读自然的方式强调水生态和街巷的有机共生，城市街巷形态与丰富的自然地理形态相互依存、相互延续，形成有利于水生态可持续的街巷空间结构框架。

③按照水生态优先的原则，进行水生态现状分析，规划雨水径流分布和雨水收集走向后，按照雨水径流收集的需求，规划路网的分布；街巷空间与水系空间耦合，街巷形态配合水系形态，街巷尺度符合水系空间尺度，形成自然与城市空间浑然天成的街巷布局。

## 参 考 文 献

[1] 陈菁. 城镇化过程中应保护天然水系——从几则案例说起. 中国水利, 2014, (22): 21-23.

[2] HORTON R. Erosional development of streams and their drainage basins: hydro-physical approach to quantitative morphology. Bulletin of the Geological Society of America, 1945, 56 (2): 275-370.

[3] 孟飞, 刘敏, 吴健平, 等. 高强度人类活动下河网水系时空变化分析——以浦东新区为例. 资源科学, 2005, 27 (6): 156-161.

[4] May C W, Horner R R, Karr J R, et al. Effects of urbanization on small streams in the Puget sound ecoregion. Watershed Protection Techniques, 1999, 2 (4): 79.

[5] 斯皮罗·科斯托夫. 城市的形成: 历史进程中的城市模式和城市意义. 北京: 中国建筑工业出版社, 2005: 101-102.

[6] 杨凯, 袁雯, 赵军, 等. 感潮河网地区水系结构特征及城市化响应. 地理学报, 2004, 59 (4): 557-564.

[7] 袁雯, 杨凯, 唐敏, 等. 平原河网地区河流结构特征及其对调蓄能力的影响. 地理研究, 2005, 24 (5): 717-724.

[8] JACOBS J. The death and life of great American cities. New York: Modern Library, 1993.

[9] SIKSNA A. The effects of block size and form in North American and Australian city centers. Urban morphology, 1997, (1): 19-33.

[10] Allan B Jacobs. Great streets. Boston: MIT Press, 1995.

[11] Cliff Moughtin. Urban design: green dimensions. London: Architectural Press, 1996.

[12] 赵玉龙, 朱海声. 人本尺度视角下西安古城街道空间形态探析. 西安建筑科技大学学报 (社会科学版), 2021, 40 (06): 36-42.

[13] 鲁西奇, 马剑. 空间与权力: 中国古代城市形态与空间结构的政治文化内涵. 江汉论坛, 2009, 4: 88.

[14] 陆敏. 济南水文环境的变迁与城市供水. 中国历史地理论丛, 1997 (3): 105-116.

[15] 党明德, 林吉铃. 济南百年城市发展史——开埠以来的济南. 济南: 齐鲁书社, 2004.

[16] 魏亚萌, 山水考量下的济南明清府城空间形态研究. 济南: 山东建筑大学, 2023.

［17］　冯一凡，李翅．适应水文环境的济南古城人居环境营建智慧探析//人民城市，规划赋能——2022 中国城市规划年会论文集（07 城市设计）．北京，中国城市规划协会，2023：1456-1464.

［18］　Hillier B, Vaughan L. The city as one thing. Progress in Planning, 2007, 67：205-230.

［19］　Koolhaas R. Delirious New York：a retroactive manifesto for Manhattan. New York：The Monacelli Press, 1994.

［20］　唐恢一．城市学．哈尔滨：哈尔滨工业大学出版社，2001.

［21］　蒋朝晖．从形态学角度浅议城市路网模式．国外城市规划，2006, 21（04）：98-103.

［22］　Hamid Sbirvani. The urban design process. New York：Van Nostrand Reinhold Company, 1985.

［23］　GB 51222—2017 城镇内涝防治技术规范．北京：中国计划出版社，2017.

［24］　泰安市住房和城乡建设局，济南市市政工程设计研究院（集团）有限责任公司．泰安市海绵城市专项规划（2016—2030）．2016 年 12 月．

［25］　秦大庸，陆垂裕，刘家宏，等．流域“自然–社会”二元水循环理论框架？．科学通报，2014, 59（4-5）：419-427.

［26］　Goudie A. The human impact on the natural environment. 3rd. Cambridge, Massachusetts：The MIT Press, 1990.

［27］　Henry Thomas Buckle. History of Civilization in England. New York：BiblioLife, 2009.

［28］　宋伟轩．中国封闭式居住模式的源流、现状与趋势、转型与重构——2011 中国城市规划年会论文集．2011.

［29］　A. 奈斯，雷毅．浅层生态运动与深层、长远生态运动概要．世界哲学，1998（4）：63-65.

［30］　Shumon T Hussain, Harald Floss. Streams as entanglement of nature and culture：European upper paleolithic river systems and their role as features of spatial organization. J Archaeol Method Theory, 2016, 23：1162-1218.

［31］　马爽爽．基于河流健康的水系格局与连通性研究．南京：南京大学，2013.

［32］　金栋，张玉蓉，陈刚，等．高原山区水系结构及连通性初探——以滇池流域为例．长江科学院院报，2016, 33（11）：116-121.

［33］　Tarboton D G. Fractal river networks, Horton's laws and Tokunaga cyclicity. Journal of Hydrology, 1996, 187（1/2）：105-117.

［34］　董哲仁．河流形态多样性与生物群落多样性．水利学报，2003,（11）：1-6.

［35］　姚文艺，郑艳爽，张敏．论河流的弯曲机理．水科学进展，2010, 21（04）：533-540.

［36］　周庆华．从国内外城市发展历程与理念共识看当下中国城市转型．建筑与文化，2016（3）：12-19.